有機化学
1000本ノック
【反応生成物編】

矢野将文 著 Masafumi Yano

化学同人

JN058864

はじめに

筆者が有機化学の講義を担当して10年以上になります．化学系，薬学系，農学系などの学科では，有機化学関連の科目は初年次から始まり，数セメスターにわたり受講することになるでしょう．大学に入ったらまず，高校の化学の延長のような基礎的なところから始まり，学年が進むに従って徐々に難しくなっていきます．有機化学は積み上げ式の学問なので，より難しい内容を理解するためには，その基礎となる知識をしっかりと身につけておかなければなりません．

しかし，「いつのまにか有機化学が苦手になった」という人も多いと思います．そういう学生からじっくりと話を聞くと，かなり初期の段階からつまずいているケースが多く見られます．しかもそれはわれわれ教員が考えるよりもずっと手前です．

つまずきやすい箇所は「有機化合物の命名」「立体化学」「化学反応における電子の移動を表す曲がった矢印」の三つです．大学の有機化学の講義はどんどん進んでいきます．この三つを放置して「なんとかしなくちゃ」と焦っていると，「○○反応」がいっぱいでてきます．この「○○反応」は，命名法が理解できていることが前提になっています．また，分子の接近方向を考え，生成物の立体異性体を区別しなければなりません．さらに，電子の移動を表す曲がった矢印を使った反応機構が黒板を埋め尽くします．情報量に圧倒されます．

基礎ができていないと，板書を写すのが精一杯になり，それを丸暗記しただけで試験に臨むことになります．必死になってなんとか単位は取ったけど，一夜漬けの内容は忘却の彼方に消え，次の新しいセメスターでは，さらに深い内容の有機化学が待っています．これが繰り返されると，高校時代はあんなに好きだった有機化学がすごく苦手になってしまうことでしょう．

有機化学を深く理解するために有効な方法は，基本的なルールを学び，演習問題を解き，知識の定着を確認することです．いきなり難しい問題に挑戦しても，挫折してしまいます．これでは有機化学を面白く感じられません．

教員として痛感したのは，一つのトピックスに関して，初歩のレベルから膨大な演習を集めた問題集がないことでした．そこで2019年，有機化学1000本ノックシリーズとして【命名法編】，【立体化学編】，【反応機構編】を出版しました．

このシリーズは初歩の初歩から始まって，徐々に難易度が上がるかたちで数多くの演習問題を解き，「身体で覚えること」を目標としています．同じような問題が，何ページにもわたり載っています．これをひとつひとつ解いていくことで，確実に有機化学の基礎が身につきます．

上記の３冊を出したあと，読者のみなさんから，「同様に，反応生成物を書くトレーニングをしたい」との声がいくつか寄せられました．高校化学でも「この化合物にこの試薬を作用させたら，この化合物ができる」という反応がいくつか登場します．これらは化合物の構造も簡単で，取り扱う反応の種類も少ないので，右辺と左辺を丸暗記してなんとかしのいできた人が多いと思います．

一方，大学の有機化学の講義でも同様に，「この反応の生成物はこうなる」という反応が数多く登場します．「よくわからないけど，こういう生成物ができるのか．覚えてしまおう．高校化学でもそうしてきたからな」と思っても，間違いなく覚えきれません．大学で学ぶ有機化学では，生成物の構造も複雑になり，次から次へと新しい反応が登場するので，丸暗記でしのぐことはできません．

ここでもう一度考えてください．それぞれの反応は一定のルールに従って進みます．「電子の足りないところと，電子の余っているところが反応する」，「よりエネルギー的に安定な生成物ができる方向に反応は進む」，「立体的に混み合っている箇所は反応しにくい」などです．これらの基本的ルールを身に着けておけば，初めて見る反応でも，ある程度は生成物の構造が予想できるようになってきます．

本書では1000問の演習を用意しましたので，じっくりと最初から解いていってください．最初は「分子中の元素の電気陰性度はどうなっているのか」，「どの結合が切れるのか」，「切れた結合にどの置換基が結合するのか」の理解から始めて構いません．解いていくに従って，「なんだ，基本となる考えはすべて同じじゃないか…」と気づきます．そうすれば，今までやってきた勉強法，すなわち試験前に反応式を丸覚えする作業がどれだけ効率が悪いかがわかります．最初はすごく簡単な反応から始まりますので，気楽に取り組んで下さい．

すぐには正解がでてこないときは，いろいろ試行錯誤して，自分なりの解答を導いてから，正解を見てください．間違っていてもかまいません．どこが間違っていたのかを理解して，また次の問題に取り組んでいくことが大切なのです．

さらに，既刊の「有機化学1000本ノック【反応機構編】」と組み合わせて学習すれば，より一層，学習効果が上がるでしょう．

本書でのトレーニングを通じて，「有機化学は暗記じゃないんだ」ということに気づいていただければ幸いです．

2021年5月　矢野将文

目　次

本書の特長と使い方

1．特　長

本書は，有機化学反応の生成物の予測の初歩の初歩から始まり，徐々に難易度が上がっていきます．数多くの演習問題を解き，「**身体で覚える**」ことを目標に執筆されています．どんなに簡単な問題でも飛ばさずに解いてください．1000問の問題を解くことで，**確実に実力が身につきます**．

2．使い方

本書は「**書き込み式**」の**ワークブック**です．解答は，本書の問題の横に直接書き込んでください．一段階で完結する反応の問題から始まりますが，徐々に反応が何段階にも渡り，複数の構造式を書く問題もでてきます．「どことどこが反応するのか」，さらに複数の反応経路が予測される場合，「どれが主生成物への経路か」をつねに意識して，生成物の構造について考えてみましょう．

本書の構成

反応のポイント

各章のはじめには，その章で登場する代表的な反応についてまとめてあります．

解答時間とヒント

各大問には解答時間を設定していますので，取り組むときの目安にしてください．解答に目安よりも時間がかかった場合は，ヒントやポイントを見て，考え方や解き方を復習しましょう．

解法・解答【別冊：取り外し式】

大問を一つ解き終えるごとに答え合わせをしてください．問題に対する考え方も解説しています．ヒントを見ても解答できない場合は，解法をよく読んでから次の問題に取り組んでください．

達成度チェックシート

本書の巻末に達成度チェックシートがあります．取り組んだ問題にチェックを入れましょう．1000本ノックを達成した読者へ贈るメッセージが浮かび上がります．

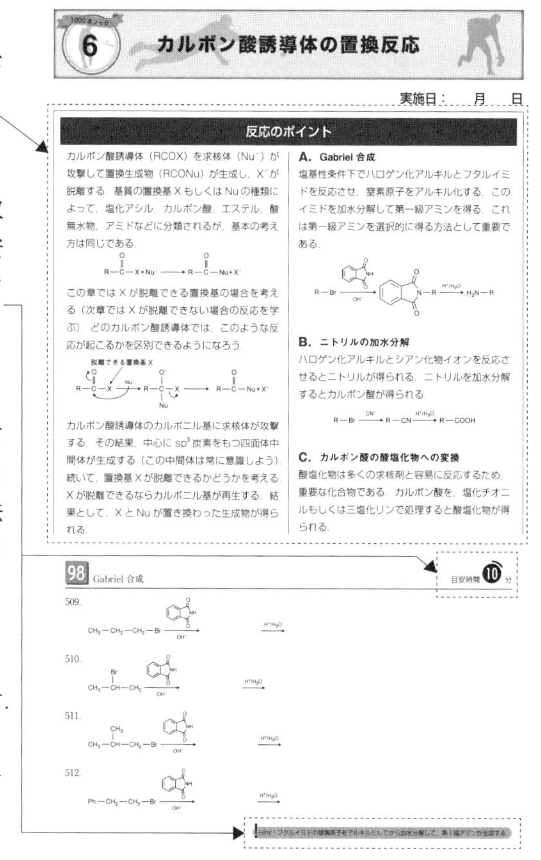

1000本ノック 6 カルボン酸誘導体の置換反応

実施日：　月　日

反応のポイント

カルボン酸誘導体（RCOX）を求核体（Nu^-）が攻撃して置換生成物（RCONu）が生成し，X^-が脱離する．基質の置換基Xもしくは Nu の種類によって，塩化アシル，カルボン酸，エステル，酸無水物，アミドなどに分類されるが，基本の考え方は同じである．

$$R-C(=O)-X + Nu^- \longrightarrow R-C(=O)-Nu + X^-$$

この章ではXが脱離できる置換基の場合を考える（次章ではXが脱離できない場合の反応を学ぶ）．どのカルボン酸誘導体では，このような反応が起こるかを区別できるようになろう．

カルボン酸誘導体のカルボニル基に求核体が攻撃する．その結果，中心にsp^3炭素をもつ四面体中間体が生成する（この中間体は常に意識しよう）．続いて，置換基Xが脱離できるかどうかを考える．Xが脱離できるならカルボニル基が再生する．結果として，XとNuが置き換わった生成物が得られる．

A．Gabriel 合成

塩基性条件下でハロゲン化アルキルとフタルイミドを反応させ，窒素原子をアルキル化する．このイミドを加水分解して第一級アミンを得る．これは第一級アミンを選択的に得る方法として重要である．

B．ニトリルの加水分解

ハロゲン化アルキルとシアン化物イオンを反応させるとニトリルが得られる．ニトリルを加水分解するとカルボン酸が得られる．

$$R-Br \xrightarrow{CN^-} R-CN \xrightarrow{H^+/H_2O} R-COOH$$

C．カルボン酸の酸塩化物への変換

酸塩化物は多くの求核剤と容易に反応するため，重要な化合物である．カルボン酸を，塩化チオニルもしくは三塩化リンで処理すると酸塩化物が得られる．

98 Gabriel 合成　　目安時間 10 分

509. $CH_3-CH_2-CH_2-Br \xrightarrow[OH^-]{} \quad \xrightarrow{H^+/H_2O}$

510. $CH_3-CH(Br)-CH_3 \xrightarrow[OH^-]{} \quad \xrightarrow{H^+/H_2O}$

511. $CH_3-CH(CH_3)-CH_2-Br \xrightarrow[OH^-]{} \quad \xrightarrow{H^+/H_2O}$

512. $Ph-CH_2-CH_2-Br \xrightarrow[OH^-]{} \quad \xrightarrow{H^+/H_2O}$

Hint：フタルイミドの窒素原子をアルキル化してから加水分解して，第1級アミンが生成する

アルケンの反応

実施日：　　月　　日

反応のポイント

A. ハロゲン化水素の付加（H−X：X＝Cl, Br, I）の付加

$$\mathrm{>C{=}C< \xrightarrow{H-X} -\overset{H}{\overset{|}{C}}-\overset{X}{\overset{|}{C}}-}$$

• マルコフニコフ（Markovnikov）則
アルケンの二重結合にハロゲン化水素が付加する際，「水素がより多くついている sp^2 炭素原子にプロトン（H^+）が付加する．

$$\mathrm{(H)(H_3C)C{=}C(H)(H) \xrightarrow{H-Br} H-C(Br)(CH_3)-C(H)(H)-H + H-C(H)(CH_3)-C(Br)(H)-H}$$

主生成物　　副生成物

B. カルボカチオンの転位

• カルボカチオンは，正電荷をもつ炭素原子に結合しているアルキル基の数で第一～三級に分類される．

• カルボカチオンがより安定になる場合に転位（分子内で骨格の組換え）が起こりうる．転位のパターンは以下の二つ．

① 1,2-ヒドリドシフト

$$\mathrm{-\overset{H}{\overset{|}{C^1}}-\overset{+}{C^2}- \longrightarrow -\overset{+}{C^1}-\overset{H}{\overset{|}{C^2}}-}$$

② 1,2-メチルシフト

$$\mathrm{-\overset{CH_3}{\overset{|}{C^1}}-\overset{+}{C^2}- \longrightarrow -\overset{+}{C^1}-\overset{CH_3}{\overset{|}{C^2}}-}$$

C. アルケンへのさまざまな試薬の付加

• アルケンへのハロゲン化水素の付加と同様に，二重結合のうち，一本が開いて，二箇所で新しい結合ができる．このAとBにはさまざまな置換基があるが，基本は変わらない．

$$\mathrm{>C{=}C< \xrightarrow{A-B} -\overset{A}{\overset{|}{C}}-\overset{B}{\overset{|}{C}}-}$$

D. ハロゲン分子の付加

$$\mathrm{>C{=}C< \xrightarrow{X-X} -\overset{X}{\overset{|}{C}}-\overset{X}{\overset{|}{C}}-}$$

• 水中でのハロゲン分子との反応（ハロヒドリン生成）

$$\mathrm{>C{=}C< \xrightarrow[H_2O]{X_2} -\overset{X}{\overset{|}{C}}-\overset{OH}{\overset{|}{C}}-}$$

E. 過酸との反応（エポキシド生成）

$$\mathrm{>C{=}C< \xrightarrow{RCOOOH} -C\overset{O}{\frown}C-}$$

F. ヒドロホウ素化-酸化（アルコールの生成）

$$\mathrm{>C{=}C< \xrightarrow[2)\ HO^-,\ H_2O,\ H_2O_2]{1)\ BH_3} -\overset{H}{\overset{|}{C}}-\overset{OH}{\overset{|}{C}}-}$$

G. 接触水素化

$$\mathrm{>C{=}C< \xrightarrow[貴金属触媒]{H-H} -\overset{H}{\overset{|}{C}}-\overset{H}{\overset{|}{C}}-}$$

マルコフニコフ則をハロゲン化水素以外の試薬にも適用できるようにいい換えると，「求電子剤は，より多くの水素原子が結合した sp^2 炭素原子に結合する」となる．基質のアルケンが二重結合について，左右対称かどうか，付加するAとBが何に相当するかを考えて，生成物としていくつかの構造異性体がありえる場合は，主生成物は何になるかを考える．

1 アルケンへのハロゲン化水素の付加（1）

目安時間 10 分

1. $H_2C{=}CH_2 \xrightarrow{HCl}$

2. $H_2C{=}CH_2 \xrightarrow{HBr}$

3. $H_2C{=}CH_2 \xrightarrow{HI}$

4. $CH_3{-}CH{=}CH_2 \xrightarrow{HCl}$

5. $CH_3{-}CH{=}CH_2 \xrightarrow{HBr}$

6. $CH_3{-}CH{=}CH_2 \xrightarrow{HI}$

7. $CH_3{-}CH_2{-}CH{=}CH_2 \xrightarrow{HCl}$

8. $CH_3{-}CH_2{-}CH{=}CH_2 \xrightarrow{HBr}$

9. $CH_3{-}CH_2{-}CH{=}CH_2 \xrightarrow{HI}$

Hint：二重結合のうち一本が開いて，水素とハロゲンが結合する．

2 アルケンへのハロゲン化水素の付加（2）

目安時間  分

10. $H_2C{=}C(CH_3){-}CH_3 \xrightarrow{HCl}$

11. $H_2C{=}C(CH_3){-}CH_3 \xrightarrow{HBr}$

12. $H_2C{=}C(CH_3){-}CH_3 \xrightarrow{HI}$

13. 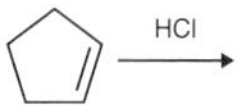 $\xrightarrow{HCl}$

14. 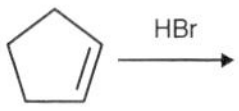 $\xrightarrow{HBr}$

15. 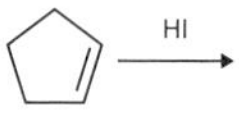 $\xrightarrow{HI}$

16. 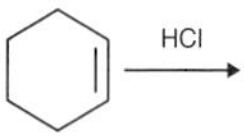 $\xrightarrow{HCl}$

17. 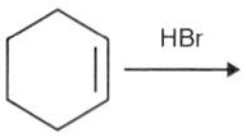 $\xrightarrow{HBr}$

18. 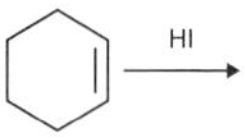 $\xrightarrow{HI}$

Hint：左右非対称な二重結合への付加は，どちらの炭素に水素が付加するか考えよう．

3 アルケンへのハロゲン化水素の付加（3）

目安時間 10 分

19. CH_3 $\xrightarrow{HCl}$

20. CH_3 $\xrightarrow{HBr}$

21. CH_3 $\xrightarrow{HI}$

22. CH_3 $\xrightarrow{HCl}$

23. CH_3 $\xrightarrow{HBr}$

24. CH_3 $\xrightarrow{HI}$

Hint：環状アルケンでも考え方は同じ．左右非対称な二重結合への付加なので，どちらの炭素に水素が付加するか考えよう．

4 アルケンへの酸触媒水付加（1）

目安時間  分

25. $H_2C{=}CH_2 \xrightarrow[H_2O]{H^+}$

26. $CH_3{-}CH{=}CH_2 \xrightarrow[H_2O]{H^+}$

27. $CH_3{-}CH_2{-}CH{=}CH_2 \xrightarrow[H_2O]{H^+}$

28. $CH_3{-}CH_2{-}CH_2{-}CH{=}CH_2 \xrightarrow[H_2O]{H^+}$

29. $CH_3{-}CH_2{-}CH_2{-}CH_2{-}CH{=}CH_2 \xrightarrow[H_2O]{H^+}$

Hint：二重結合のうち一本が開いて，水素とヒドロキシ基が結合する．

5　アルケンへの酸触媒水付加（2）

目安時間 10 分

30. 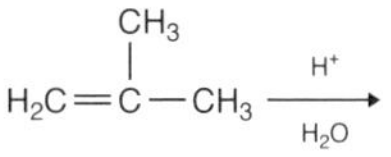 $H_2C{=}C(CH_3){-}CH_3 \xrightarrow[H_2O]{H^+}$

31. 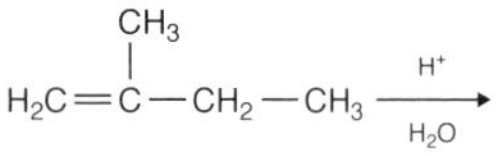 $H_2C{=}C(CH_3){-}CH_2{-}CH_3 \xrightarrow[H_2O]{H^+}$

32. 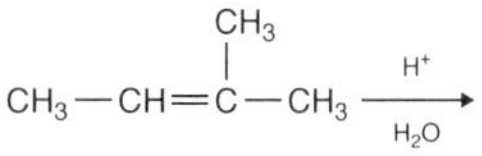 $CH_3{-}CH{=}C(CH_3){-}CH_3 \xrightarrow[H_2O]{H^+}$

33. 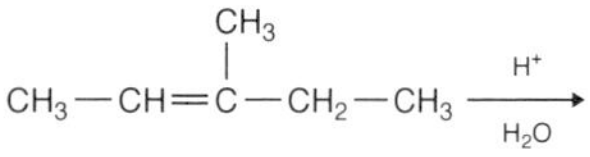 $CH_3{-}CH{=}C(CH_3){-}CH_2{-}CH_3 \xrightarrow[H_2O]{H^+}$

34. 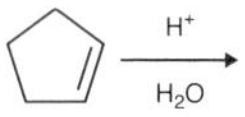 (cyclopentene) $\xrightarrow[H_2O]{H^+}$

35. 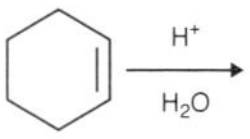 (cyclohexene) $\xrightarrow[H_2O]{H^+}$

Hint：左右非対称な二重結合への付加は，どちらの炭素に水素が付加するか考えよう．

6　アルケンへの酸触媒水付加（3）

目安時間  分

36. 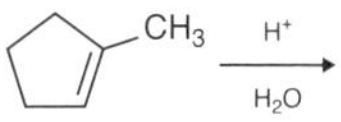 (1-methylcyclopentene) CH_3 $\xrightarrow[H_2O]{H^+}$

37. 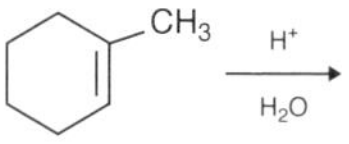 (1-methylcyclohexene) CH_3 $\xrightarrow[H_2O]{H^+}$

38. 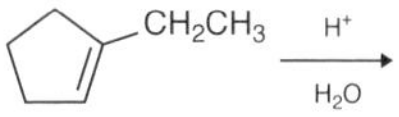 (1-ethylcyclopentene) CH_2CH_3 $\xrightarrow[H_2O]{H^+}$

39. 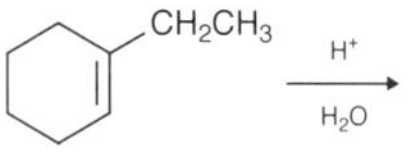 (1-ethylcyclohexene) CH_2CH_3 $\xrightarrow[H_2O]{H^+}$

40. 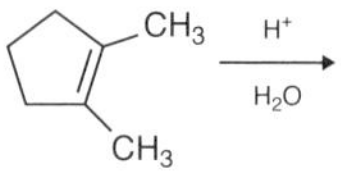 (1,2-dimethylcyclopentene) CH_3, CH_3 $\xrightarrow[H_2O]{H^+}$

41. 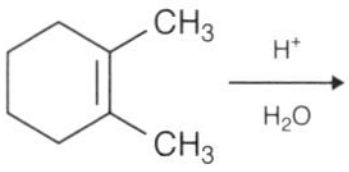 (1,2-dimethylcyclohexene) CH_3, CH_3 $\xrightarrow[H_2O]{H^+}$

Hint：環状アルケンでも考え方は同じ．左右非対称な二重結合への付加の場合は，どちらの炭素に水素が付加するか考えよう．

7 カルボカチオンの転位（1）

目安時間 10 分

42. $\overset{+}{C}H_2-CH_2-CH_3 \longrightarrow$

43. $\overset{+}{C}H_2-CH_2-CH_2-CH_3 \longrightarrow$

44. $\overset{+}{C}H_2-CH(CH_3)-CH_3 \longrightarrow$

45. $\overset{+}{C}H_2-CH(CH_3)-CH_2-CH_3 \longrightarrow$

46. $CH_3-\overset{+}{C}H-CH_2-CH_3 \longrightarrow$

47. $CH_3-\overset{+}{C}H-CH_2-CH_2-CH_3 \longrightarrow$

48. $CH_3-\overset{+}{C}H-CH(CH_3)-CH_3 \longrightarrow$

49. $CH_3-\overset{+}{C}H-CH(CH_3)-CH_2-CH_3 \longrightarrow$

50. シクロヘキシル環（CH_3 置換炭素の隣接炭素に +） $\longrightarrow$

51. シクロヘキシル環（CH_2CH_3 置換炭素の隣接炭素に +） $\longrightarrow$

52. シクロヘキシル環（CH_3 置換炭素から2つ目の炭素に +） $\longrightarrow$

53. シクロヘキシル環（CH_2CH_3 置換炭素から2つ目の炭素に +） $\longrightarrow$

Hint：どの水素原子を動かせば，より安定なカルボカチオンが生成するかを考えよう．転位しない場合もある．

8 カルボカチオンの転位（2）

目安時間 5 分

54. $CH_3-C(CH_3)_2-\overset{+}{C}H-CH_3 \longrightarrow$

55. $CH_3-\underset{CH_3}{\overset{CH_3}{C}}-\underset{+}{CH_2} \longrightarrow$

56. $CH_3-\underset{CH_3}{\overset{CH_3}{C}}-\underset{+}{CH}-CH_2-CH_3 \longrightarrow$

57. $CH_3-\underset{CH_3}{\overset{CH_3}{C}}-\underset{+}{CH}-CH_2-CH_2-CH_3 \longrightarrow$

Hint：どのメチル基を動かせば，より安定なカルボカチオンが生成するかを考えよう．

9　カルボカチオンの転位（3）

目安時間  分

58. $\overset{+}{C}H_2 \longrightarrow$

59. $\overset{+}{C}H-CH_3 \longrightarrow$

60. $\overset{+}{C}H_2 \longrightarrow$

61. $\overset{+}{C}H-CH_3 \longrightarrow$

62. $CH_2-\overset{+}{C}H_2 \longrightarrow$

Hint：どの水素原子を動かせば，より安定なカルボカチオンが生成するかを考えよう．

10　アルケンへのハロゲン付加（1）

目安時間  分

63. $H_2C{=}CH_2 \xrightarrow{Cl_2}$

64. $H_2C{=}CH_2 \xrightarrow{Br_2}$

65. $CH_3-CH{=}CH_2 \xrightarrow{Cl_2}$

66. $CH_3-CH{=}CH_2 \xrightarrow{Br_2}$

67. $CH_3-CH_2-CH{=}CH_2 \xrightarrow{Cl_2}$

68. $CH_3-CH_2-CH{=}CH_2 \xrightarrow{Br_2}$

69. $CH_3-CH{=}CH-CH_3 \xrightarrow{Cl_2}$

70. $CH_3-CH{=}CH-CH_3 \xrightarrow{Br_2}$

71. $CH_3-CH_2-CH=CH-CH_3 \xrightarrow{Cl_2}$

72. $CH_3-CH_2-CH=CH-CH_3 \xrightarrow{Br_2}$

! *Hint*：二重結合のうち一本が開いて，それぞれの炭素原子にハロゲンが結合する．

11　アルケンへのハロゲン付加（2）

目安時間  分

73. $H_2C=C(CH_3)-CH_3 \xrightarrow{Cl_2}$

74. $H_2C=C(CH_3)-CH_3 \xrightarrow{Br_2}$

75. $CH_3-CH=C(CH_3)-CH_3 \xrightarrow{Cl_2}$

76. $CH_3-CH=C(CH_3)-CH_3 \xrightarrow{Br_2}$

77. $\xrightarrow{Cl_2}$

78. $\xrightarrow{Br_2}$

79. $\xrightarrow{Cl_2}$

80. $\xrightarrow{Br_2}$

! *Hint*：二重結合のうち一本が開いて，それぞれの炭素原子にハロゲンが結合する．環状アルケンの場合も，考え方は同じ．

12　アルケンへのハロゲン付加（3）

目安時間  分

81. CH_3 $\xrightarrow{Cl_2}$

82. CH_3 $\xrightarrow{Br_2}$

83. CH_2CH_3 $\xrightarrow{Cl_2}$

84. CH_2CH_3 $\xrightarrow{Br_2}$

85. CH_3 / CH_3 $\xrightarrow{Cl_2}$

86. CH_3 / CH_3 $\xrightarrow{Br_2}$

Hint：二重結合のうち一本が開いて，それぞれの炭素原子にハロゲンが結合する．環状アルケンの場合も，考え方は同じ．

13 アルケンからハロヒドリン生成（1）

目安時間  分

87. $H_2C{=}CH_2 \xrightarrow[H_2O]{Cl_2}$

88. $H_2C{=}CH_2 \xrightarrow[H_2O]{Br_2}$

89. $CH_3{-}CH{=}CH_2 \xrightarrow[H_2O]{Cl_2}$

90. $CH_3{-}CH{=}CH_2 \xrightarrow[H_2O]{Br_2}$

91. $CH_3{-}CH_2{-}CH{=}CH_2 \xrightarrow[H_2O]{Cl_2}$

92. $CH_3{-}CH_2{-}CH{=}CH_2 \xrightarrow[H_2O]{Br_2}$

93. $CH_3{-}CH{=}CH{-}CH_3 \xrightarrow[H_2O]{Cl_2}$

94. $CH_3{-}CH{=}CH{-}CH_3 \xrightarrow[H_2O]{Br_2}$

95. $CH_3{-}CH_2{-}CH_2{-}CH{=}CH_2 \xrightarrow[H_2O]{Cl_2}$

96. $CH_3{-}CH_2{-}CH_2{-}CH{=}CH_2 \xrightarrow[H_2O]{Br_2}$

Hint：二重結合のうち一本が開いて，ハロゲン原子とヒドロキシ基が結合する．

14 アルケンからハロヒドリン生成（2）

目安時間  分

97. $H_2C{=}C(CH_3){-}CH_3 \xrightarrow[H_2O]{Cl_2}$

98. $H_2C{=}C(CH_3){-}CH_3 \xrightarrow[H_2O]{Br_2}$

99. $CH_3{-}CH{=}C(CH_3){-}CH_3 \xrightarrow[H_2O]{Cl_2}$

100. $CH_3{-}CH{=}C(CH_3){-}CH_3 \xrightarrow[H_2O]{Br_2}$

101. $\xrightarrow[H_2O]{Cl_2}$

102. $\xrightarrow[H_2O]{Br_2}$

103. $\xrightarrow[H_2O]{Cl_2}$

104. $\xrightarrow[H_2O]{Br_2}$

Hint：二重結合のうち一本が開いて，ハロゲン原子とヒドロキシ基が結合する．環状アルケンでも考え方は同じ．

15 アルケンからハロヒドリン生成（3）

目安時間  分

105. CH_3 $\xrightarrow[H_2O]{Cl_2}$

106. CH_3 $\xrightarrow[H_2O]{Br_2}$

107. CH_2CH_3 $\xrightarrow[H_2O]{Cl_2}$

108. CH_2CH_3 $\xrightarrow[H_2O]{Br_2}$

109. CH_3, CH_3 $\xrightarrow[H_2O]{Cl_2}$

110. CH_3, CH_3 $\xrightarrow[H_2O]{Br_2}$

Hint：環状アルケンでも考え方は同じ．左右非対称な二重結合への付加の場合は，どちらの炭素にハロゲンが付加するか考えよう．

16 エタノール付加によるアルケンからのハロエーテル生成（1）

目安時間 10 分

111. $H_2C=CH_2 \xrightarrow[C_2H_5OH]{Cl_2}$

112. $H_2C=CH_2 \xrightarrow[C_2H_5OH]{Br_2}$

113. $CH_3-CH=CH_2 \xrightarrow[C_2H_5OH]{Cl_2}$

114. $CH_3-CH=CH_2 \xrightarrow[C_2H_5OH]{Br_2}$

115. $CH_3-CH_2-CH=CH_2 \xrightarrow[C_2H_5OH]{Cl_2}$

116. $CH_3-CH_2-CH=CH_2 \xrightarrow[C_2H_5OH]{Br_2}$

117. $CH_3-CH=CH-CH_3 \xrightarrow[C_2H_5OH]{Cl_2}$

118. $CH_3-CH=CH-CH_3 \xrightarrow[C_2H_5OH]{Br_2}$

119. $CH_3-CH_2-CH_2-CH=CH_2 \xrightarrow[C_2H_5OH]{Cl_2}$

120. $CH_3-CH_2-CH_2-CH=CH_2 \xrightarrow[C_2H_5OH]{Br_2}$

！*Hint*：二重結合のうち一本が開いて，ハロゲン原子とエタノール由来のエトキシ基が結合する．

17 エタノール付加によるアルケンからのハロエーテル生成（2）

目安時間   分

121. $H_2C=\overset{CH_3}{\overset{|}{C}}-CH_3 \xrightarrow[C_2H_5OH]{Cl_2}$

122. $H_2C=\overset{CH_3}{\overset{|}{C}}-CH_3 \xrightarrow[C_2H_5OH]{Br_2}$

123. $CH_3-CH=\overset{CH_3}{\overset{|}{C}}-CH_3 \xrightarrow[C_2H_5OH]{Cl_2}$

124. $CH_3-CH=\overset{CH_3}{\overset{|}{C}}-CH_3 \xrightarrow[C_2H_5OH]{Br_2}$

125. $\xrightarrow[C_2H_5OH]{Cl_2}$

126. $\xrightarrow[C_2H_5OH]{Br_2}$

127. $\xrightarrow[C_2H_5OH]{Cl_2}$

128. $\xrightarrow[C_2H_5OH]{Br_2}$

Hint：二重結合のうち一本が開いて，ハロゲン原子とエタノール由来のエトキシ基が結合する．環状アルケンでも考え方は同じ．

18 エタノール付加によるアルケンからのハロエーテル生成（3）

目安時間  分

129. CH_3 $\xrightarrow[C_2H_5OH]{Cl_2}$

130. CH_3 $\xrightarrow[C_2H_5OH]{Br_2}$

131. CH_2CH_3 $\xrightarrow[C_2H_5OH]{Cl_2}$

132. CH_2CH_3 $\xrightarrow[C_2H_5OH]{Br_2}$

133. CH_3 CH_3 $\xrightarrow[C_2H_5OH]{Cl_2}$

134. CH_3 CH_3 $\xrightarrow[C_2H_5OH]{Br_2}$

Hint：環状アルケンでも考え方は同じ．左右非対称な二重結合への付加の場合は，どちらの炭素にハロゲンが付加するか考えよう．

19 メタノール付加によるアルケンからのハロエーテル生成（1）

目安時間  分

135. $H_2C{=}CH_2 \xrightarrow[CH_3OH]{Cl_2}$

136. $H_2C{=}CH_2 \xrightarrow[CH_3OH]{Br_2}$

137. $CH_3-CH=CH_2 \xrightarrow[CH_3OH]{Cl_2}$

138. $CH_3-CH=CH_2 \xrightarrow[CH_3OH]{Br_2}$

139. $CH_3-CH_2-CH=CH_2 \xrightarrow[CH_3OH]{Cl_2}$

140. $CH_3-CH_2-CH=CH_2 \xrightarrow[CH_3OH]{Br_2}$

141. $CH_3-CH=CH-CH_3 \xrightarrow[CH_3OH]{Cl_2}$

142. $CH_3-CH=CH-CH_3 \xrightarrow[CH_3OH]{Br_2}$

143. $CH_3-CH_2-CH_2-CH=CH_2 \xrightarrow[CH_3OH]{Cl_2}$

144. $CH_3-CH_2-CH_2-CH=CH_2 \xrightarrow[CH_3OH]{Br_2}$

Hint：二重結合のうち一本が開いて，ハロゲン原子とメタノール由来のメトキシ基が結合する．

20 メタノール付加によるアルケンからのハロエーテル生成（2）

目安時間  分

145. $H_2C=C(CH_3)-CH_3 \xrightarrow[CH_3OH]{Cl_2}$

146. $H_2C=C(CH_3)-CH_3 \xrightarrow[CH_3OH]{Br_2}$

147. $CH_3-CH=C(CH_3)-CH_3 \xrightarrow[CH_3OH]{Cl_2}$

148. $CH_3-CH=C(CH_3)-CH_3 \xrightarrow[CH_3OH]{Br_2}$

149. (cyclopentene) $\xrightarrow[CH_3OH]{Cl_2}$

150. (cyclopentene) $\xrightarrow[CH_3OH]{Br_2}$

151. (cyclohexene) $\xrightarrow[CH_3OH]{Cl_2}$

152. $\xrightarrow[\mathrm{CH_3OH}]{\mathrm{Br_2}}$

Hint：二重結合のうち一本が開いて，ハロゲン原子とメタノール由来のメトキシ基が結合する．環状アルケンでも考え方は同じ．

21　メタノール付加によるアルケンからのハロエーテル生成（3）

目安時間  分

153. CH_3 $\xrightarrow[\mathrm{CH_3OH}]{\mathrm{Cl_2}}$

154. CH_3 $\xrightarrow[\mathrm{CH_3OH}]{\mathrm{Br_2}}$

155. CH_2CH_3 $\xrightarrow[\mathrm{CH_3OH}]{\mathrm{Cl_2}}$

156. CH_2CH_3 $\xrightarrow[\mathrm{CH_3OH}]{\mathrm{Br_2}}$

157. CH_3 CH_3 $\xrightarrow[\mathrm{CH_3OH}]{\mathrm{Cl_2}}$

158. CH_3 CH_3 $\xrightarrow[\mathrm{CH_3OH}]{\mathrm{Br_2}}$

Hint：環状アルケンでも考え方は同じ．左右非対称な二重結合への付加の場合は，どちらの炭素にハロゲンが付加するか考えよう．

22　アルケンの過酸によるエポキシ化（1）

目安時間  分

159. $H_2C{=}CH_2 \xrightarrow{CH_3-C(=O)-OOH}$

160. $CH_3-CH{=}CH_2 \xrightarrow{CH_3-C(=O)-OOH}$

161. $CH_3-CH_2-CH{=}CH_2 \xrightarrow{CH_3-C(=O)-OOH}$

162. $CH_3-CH{=}CH-CH_3 \xrightarrow{CH_3-C(=O)-OOH}$

163. $CH_3-CH_2-CH{=}CH-CH_3 \xrightarrow{CH_3-C(=O)-OOH}$

Hint：二重結合のうち一本が開いて，過酸由来の酸素原子の橋が架かり，エポキシドになる．

23 アルケンの過酸によるエポキシ化（2）

目安時間 5 分

164. $H_2C{=}C(CH_3){-}CH_3 \xrightarrow{CH_3-C(=O)-OOH}$

165. $CH_3-CH{=}C(CH_3)-CH_3 \xrightarrow{CH_3-C(=O)-OOH}$

166. $\xrightarrow{CH_3-C(=O)-OOH}$

167. $\xrightarrow{CH_3-C(=O)-OOH}$

Hint：二重結合のうち一本が開いて，過酸由来の酸素原子の橋が架かり，エポキシドになる．環状アルケンの場合は二環式の化合物ができる．

24 アルケンの過酸によるエポキシ化（3）

目安時間 5 分

168. 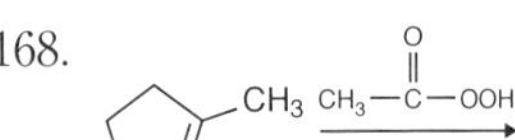 $CH_3 \xrightarrow{CH_3-C(=O)-OOH}$

169. $CH_3 \xrightarrow{CH_3-C(=O)-OOH}$

170. CH_3, $CH_3 \xrightarrow{CH_3-C(=O)-OOH}$

171. CH_3, $CH_3 \xrightarrow{CH_3-C(=O)-OOH}$

Hint：二重結合のうち一本が開いて，過酸由来の酸素原子の橋が架かり，エポキシドになる．環状アルケンの場合は二環式の化合物ができる．

25 アルケンのヒドロホウ素化-酸化（1）

目安時間  分

172. $H_2C{=}CH_2 \xrightarrow[(2)\ H_2O_2/OH^-/H_2O]{(1)\ BH_3}$

173. $CH_3-CH{=}CH_2 \xrightarrow[(2)\ H_2O_2/OH^-/H_2O]{(1)\ BH_3}$

174. $CH_3-CH_2-CH=CH_2 \xrightarrow[(2)\ H_2O_2/OH^-/H_2O]{(1)\ BH_3}$

175. $CH_3-CH=CH-CH_3 \xrightarrow[(2)\ H_2O_2/OH^-/H_2O]{(1)\ BH_3}$

176. $CH_3-CH_2-CH_2-CH=CH_2 \xrightarrow[(2)\ H_2O_2/OH^-/H_2O]{(1)\ BH_3}$

> !*Hint*：二重結合のうち一本が開いて，水素と水酸基が結合する．プロトン存在下での水付加（4～6）とは水素原子とヒドロキシ基の結合する位置が逆になることに注意．

26 アルケンのヒドロホウ素化-酸化（2）

目安時間   分

177. 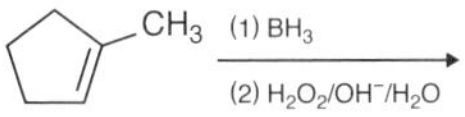 CH_3 $\xrightarrow[(2)\ H_2O_2/OH^-/H_2O]{(1)\ BH_3}$

178. 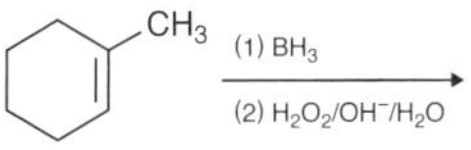 CH_3 $\xrightarrow[(2)\ H_2O_2/OH^-/H_2O]{(1)\ BH_3}$

179. 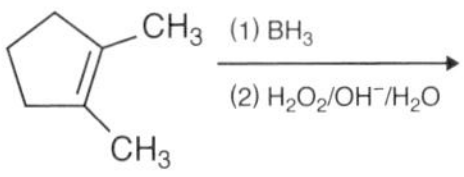 CH_3 CH_3 $\xrightarrow[(2)\ H_2O_2/OH^-/H_2O]{(1)\ BH_3}$

180. 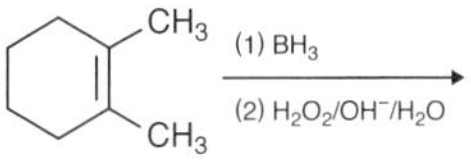 CH_3 CH_3 $\xrightarrow[(2)\ H_2O_2/OH^-/H_2O]{(1)\ BH_3}$

> !*Hint*：二重結合のうち一本が開いて，水素とヒドロキシ基が結合する．プロトン存在下での水付加とは水素原子とヒドロキシ基の結合する位置が逆になることに注意．

27 アルケンのヒドロホウ素化-酸化（3）

目安時間  分

181. 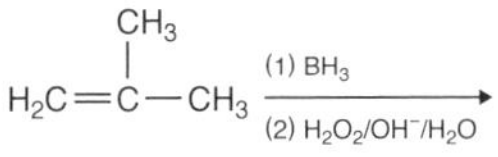 $H_2C=C(CH_3)-CH_3 \xrightarrow[(2)\ H_2O_2/OH^-/H_2O]{(1)\ BH_3}$

182. 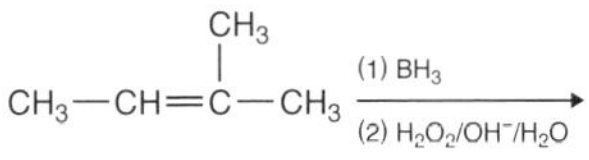 $CH_3-CH=C(CH_3)-CH_3 \xrightarrow[(2)\ H_2O_2/OH^-/H_2O]{(1)\ BH_3}$

183. 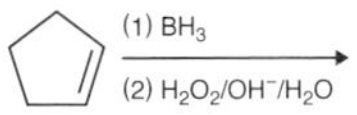 $\xrightarrow[(2)\ H_2O_2/OH^-/H_2O]{(1)\ BH_3}$

184. 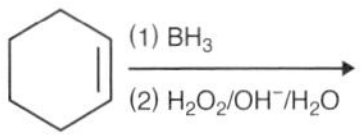 $\xrightarrow[(2)\ H_2O_2/OH^-/H_2O]{(1)\ BH_3}$

> !*Hint*：二重結合のうち一本が開いて，水素とヒドロキシ基が結合する．プロトン存在下での水付加とは水素原子とヒドロキシ基の結合する位置が逆になることに注意．

28 白金触媒によるアルケンへの接触還元（1）

目安時間 5 分

185. $H_2C{=}CH_2 \xrightarrow[\text{Pt}]{H_2}$

186. $CH_3{-}CH{=}CH_2 \xrightarrow[\text{Pt}]{H_2}$

187. $CH_3{-}CH_2{-}CH{=}CH_2 \xrightarrow[\text{Pt}]{H_2}$

188. $CH_3{-}CH{=}CH{-}CH_3 \xrightarrow[\text{Pt}]{H_2}$

189. $CH_3{-}CH_2{-}CH{=}CH{-}CH_3 \xrightarrow[\text{Pt}]{H_2}$

Hint：二重結合のうち一本が開いて，二つの水素原子が結合する．

29 白金触媒によるアルケンへの接触還元（2）

目安時間  分

190. CH_3 $\xrightarrow[\text{Pt}]{H_2}$

191. CH_3 $\xrightarrow[\text{Pt}]{H_2}$

192. CH_3 CH_3 $\xrightarrow[\text{Pt}]{H_2}$

193. CH_3 CH_3 $\xrightarrow[\text{Pt}]{H_2}$

Hint：二重結合のうち一本が開いて，二つの水素原子が結合する．

30 白金触媒によるアルケンへの接触還元（3）

  分

194. $H_2C{=}C(CH_3){-}CH_3 \xrightarrow[\text{Pt}]{H_2}$

195. $CH_3{-}CH{=}C(CH_3){-}CH_3 \xrightarrow[\text{Pt}]{H_2}$

196. $\xrightarrow[\text{Pt}]{H_2}$

197. $\xrightarrow[\text{Pt}]{H_2}$

Hint：二重結合のうち一本が開いて，二つの水素原子が結合する．

31 パラジウム触媒によるアルケンへの接触還元（1）

目安時間 5 分

198. $H_2C{=}CH_2 \xrightarrow[Pd/C]{H_2}$

199. $CH_3{-}CH{=}CH_2 \xrightarrow[Pd/C]{H_2}$

200. $CH_3{-}CH_2{-}CH{-}CH_2 \xrightarrow[Pd/C]{H_2}$

201. $CH_3{-}CH{=}CH{-}CH_3 \xrightarrow[Pd/C]{H_2}$

202. $CH_3{-}CH_2{-}CH{=}CH{-}CH_3 \xrightarrow[Pd/C]{H_2}$

Hint：二重結合のうち一本が開いて，二つの水素原子が結合する．

32 パラジウム触媒によるアルケンへの接触還元（2）

目安時間  分

203. 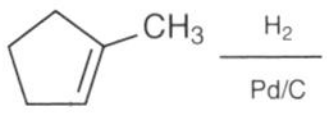 CH_3 $\frac{H_2}{Pd/C}$

204. 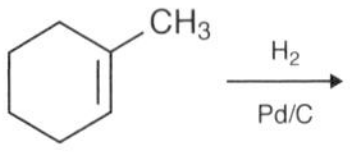 CH_3 $\xrightarrow[Pd/C]{H_2}$

205. 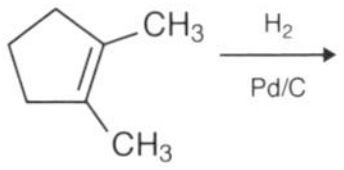 CH_3 CH_3 $\xrightarrow[Pd/C]{H_2}$

206. 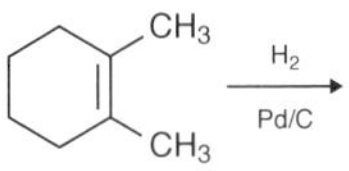 CH_3 CH_3 $\xrightarrow[Pd/C]{H_2}$

Hint：二重結合のうち一本が開いて，二つの水素原子が結合する．

33 パラジウム触媒によるアルケンへの接触還元（3）

目安時間  分

207. 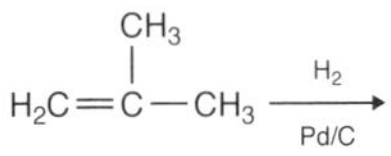 $H_2C{=}C(CH_3){-}CH_3 \xrightarrow[Pd/C]{H_2}$

208. 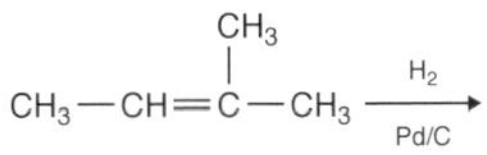 $CH_3{-}CH{=}C(CH_3){-}CH_3 \xrightarrow[Pd/C]{H_2}$

209. 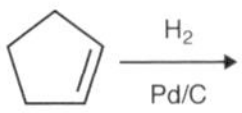 $\xrightarrow[Pd/C]{H_2}$

210. 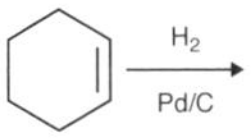 $\xrightarrow[Pd/C]{H_2}$

Hint：二重結合のうち一本が開いて，二つの水素原子が結合する．

アルキンの反応

実施日：　　月　　日

反応のポイント

A. ハロゲン化水素（H－X：X＝Cl, Br）の付加

$$-C\equiv C- \xrightarrow{H-X} -CH=CX- \xrightarrow{H-X} -CH_2-CX_2-$$

アルキンの三重結合にハロゲン化水素が付加する際，水素がより多くついている sp 炭素原子にプロトン（H^+）が付加し，もう片方の sp 炭素原子にハロゲン原子が付加する．

$$H_3C-C\equiv C-H \xrightarrow{H-Br} \underset{\text{主生成物}}{H_3C-CBr=CH_2} + \underset{\text{副生成物}}{H_3C-CH=CHBr}$$

これらの化合物は，さらにハロゲン化水素と反応することができる．1 章の「アルケンの反応」を見直そう．この際も，どちらの炭素原子に水素原子が結合するかを考えよう．

$$H_3C-CBr=CH_2 \xrightarrow{H-Br} H_3C-CBr_2-CH_3$$

B. ハロゲン（Cl_2, Br_2）の付加

ハロゲン分子も，アルキンに対して，ハロゲン化水素と同様の付加反応を起こす．

$$-C\equiv C- \xrightarrow{X_2} -CX=CX- \xrightarrow{X_2} -CX_2-CX_2-$$

C. 水の付加

$$-C\equiv C- \xrightarrow[H_2O]{H^+} -\overset{H}{C}=\overset{OH}{C}- \rightleftarrows -CH_2-\overset{O}{\overset{\|}{C}}-$$

$$-C\equiv C- \xrightarrow[2)\ HO^-, H_2O, H_2O_2]{1)\ BHR_2} -\overset{H}{C}=\overset{OH}{C}- \rightleftarrows -CH_2-\overset{O}{\overset{\|}{C}}-$$

アルキンへの水の付加は大きく分けて二種類がある．与えられた反応条件では，どちらの sp 炭素原子のどちらに水素もしくはヒドロキシ基が付加するか（位置選択性）に注意しよう．いずれの場合も，生成したビニルアルコールが互変異性化を経て，カルボニル化合物を与える．

D. 水素付加

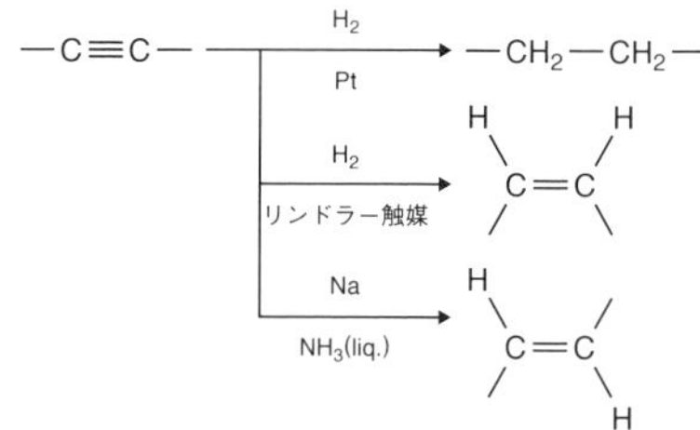

Pd/C（パラジウム-炭素）触媒や白金触媒を用いたアルキンの水素化反応では，アルカンが生成する．アルキンからアルケンを得たい場合は工夫が必要になる．リンドラー触媒を用いた水素化ではシス体のアルケンが，バーチ還元条件下では，トランス体のアルケンが選択的に生成する．

E. 増炭反応

sp 炭素に結合した水素原子の酸性度は比較的大きいので，強塩基である $NaNH_2$ によってプロトンとして引き抜かれる．生成したアニオン種は求核体としてハロゲン化アルキルを攻撃し，置換反応の結果，分子の総炭素数が増える．

$$R-C\equiv C-H \xrightarrow{NaNH_2} \underset{\text{求核体}}{R-C\equiv \overset{-}{C}} \xrightarrow{CH_3-Br} R-C\equiv C-CH_3$$

34 アルキンへの塩化水素（1当量）の付加

目安時間 10 分

211. $H-C\equiv C-H \xrightarrow{HCl(1eq.)}$

212. $H-C\equiv C-CH_3 \xrightarrow{HCl(1eq.)}$

213. $CH_3-C\equiv C-CH_3 \xrightarrow{HCl(1eq.)}$

214. $CH_3-CH_2-C\equiv CH \xrightarrow{HCl(1eq.)}$

215. $CH_3CH_2-C\equiv C-CH_2CH_3 \xrightarrow{HCl(1eq.)}$

Hint：三重結合のうち一本が開いて，水素と塩素が結合する．

35 アルキンへの臭化水素（1当量）の付加

目安時間  分

216. $H-C\equiv C-H \xrightarrow{HBr(1eq.)}$

217. $H-C\equiv C-CH_3 \xrightarrow{HBr(1eq.)}$

218. $CH_3-C\equiv C-CH_3 \xrightarrow{HBr(1eq.)}$

219. $CH_3-CH_2-C\equiv CH \xrightarrow{HBr(1eq.)}$

220. $CH_3CH_2-C\equiv C-CH_2CH_3 \xrightarrow{HBr(1eq.)}$

Hint：三重結合のうち一本が開いて，水素と臭素が結合する．

36 アルキンへのハロゲン化水素（1当量）の付加

目安時間   分

221. $C_5H_9-C\equiv C-H \xrightarrow{HCl(1eq.)}$

222. $C_6H_{11}-C\equiv C-H \xrightarrow{HCl(1eq.)}$

223. $C_5H_9-C\equiv C-H \xrightarrow{HBr(1eq.)}$

224. $C_6H_{11}-C\equiv C-H \xrightarrow{HBr(1eq.)}$

Hint：三重結合のうち一本が開いて，水素とハロゲン原子が結合する．

37 アルキンへの塩化水素（2当量）の付加

目安時間 10 分

225. $\mathrm{H-C{\equiv}C-H \xrightarrow{HCl(2eq.)}}$

226. $\mathrm{H-C{\equiv}C-CH_3 \xrightarrow{HCl(2eq.)}}$

227. $\mathrm{CH_3-C{\equiv}C-CH_3 \xrightarrow{HCl(2eq.)}}$

228. $\mathrm{CH_3-CH_2-C{\equiv}CH \xrightarrow{HCl(2eq.)}}$

229. $\mathrm{CH_3CH_2-C{\equiv}C-CH_2CH_3 \xrightarrow{HCl(2eq.)}}$

! *Hint*：三重結合のうち一本が開いて，水素と塩素が結合する．その後，もう一度，同じ反応が起きる．

38 アルキンへの臭化水素（2当量）の付加

目安時間 10 分

230. $\mathrm{H-C{\equiv}C-H \xrightarrow{HBr(2eq.)}}$

231. $\mathrm{H-C{\equiv}C-CH_3 \xrightarrow{HBr(2eq.)}}$

232. $\mathrm{CH_3-C{\equiv}C-CH_3 \xrightarrow{HBr(2eq.)}}$

233. $\mathrm{CH_3-CH_2-C{\equiv}CH \xrightarrow{HBr(2eq.)}}$

234. $\mathrm{CH_3CH_2-C{\equiv}C-CH_2CH_3 \xrightarrow{HBr(2eq.)}}$

! *Hint*：三重結合のうち一本が開いて，水素と臭素が結合する．その後，もう一度，同じ反応が起きる．

39 アルキンへのハロゲン化水素（2当量）の付加

目安時間 10 分

235. (シクロペンチル)$\mathrm{-C{\equiv}C-H \xrightarrow{HCl(2eq.)}}$

236. (シクロヘキシル)$\mathrm{-C{\equiv}C-H \xrightarrow{HCl(2eq.)}}$

237. (シクロペンチル)$\mathrm{-C{\equiv}C-H \xrightarrow{HBr(2eq.)}}$

238. (シクロヘキシル)$\mathrm{-C{\equiv}C-H \xrightarrow{HBr(2eq.)}}$

! *Hint*：三重結合のうち一本が開いて，水素とハロゲン原子が結合する．その後，もう一度，同じ反応が起きる．

40 アルキンへの塩素（1当量）の付加

目安時間 5 分

239. $H-C\equiv C-H \xrightarrow{Cl_2(1eq.)}$

240. $H-C\equiv C-CH_3 \xrightarrow{Cl_2(1eq.)}$

241. $CH_3-C\equiv C-CH_3 \xrightarrow{Cl_2(1eq.)}$

242. $CH_3-CH_2-C\equiv CH \xrightarrow{Cl_2(1eq.)}$

243. $CH_3CH_2-C\equiv C-CH_2CH_3 \xrightarrow{Cl_2(1eq.)}$

Hint：三重結合のうち一本が開いて，二つの塩素原子が結合する．

41 アルキンへの臭素（1当量）の付加

244. $H-C\equiv C-H \xrightarrow{Br_2(1eq.)}$

245. $H-C\equiv C-CH_3 \xrightarrow{Br_2(1eq.)}$

246. $CH_3-C\equiv C-CH_3 \xrightarrow{Br_2(1eq.)}$

247. $CH_3-CH_2-C\equiv CH \xrightarrow{Br_2(1eq.)}$

248. $CH_3CH_2-C\equiv C-CH_2CH_3 \xrightarrow{Br_2(1eq.)}$

Hint：三重結合のうち一本が開いて，二つの臭素原子が結合する．

42 アルキンへのハロゲン（1当量）の付加

249. 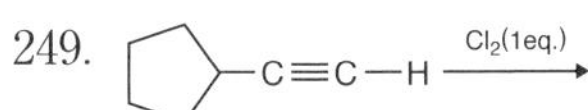

250. $-C\equiv C-H \xrightarrow{Cl_2(1eq.)}$

251. $-C\equiv C-H \xrightarrow{Br_2(1eq.)}$

252. $-C\equiv C-H \xrightarrow{Br_2(1eq.)}$

Hint：三重結合のうち一本が開いて，二つのハロゲン原子が結合する．

43 アルキンへの塩素（2当量）の付加

目安時間 5 分

253. $H-C\equiv C-H \xrightarrow{Cl_2(2eq.)}$

254. $H-C\equiv C-CH_3 \xrightarrow{Cl_2(2eq.)}$

255. $CH_3-C\equiv C-CH_3 \xrightarrow{Cl_2(2eq.)}$

256. $CH_3-CH_2-C\equiv CH \xrightarrow{Cl_2(2eq.)}$

257. $CH_3CH_2-C\equiv C-CH_2CH_3 \xrightarrow{Cl_2(2eq.)}$

! *Hint*：三重結合のうち一本が開いて，二つの塩素原子が結合する．その後，もう一度，同じ反応が起きる．

44 アルキンへの臭素（2当量）の付加

目安時間  分

258. $H-C\equiv C-H \xrightarrow{Br_2(2eq.)}$

259. $H-C\equiv C-CH_3 \xrightarrow{Br_2(2eq.)}$

260. $CH_3-C\equiv C-CH_3 \xrightarrow{Br_2(2eq.)}$

261. $CH_3-CH_2-C\equiv CH \xrightarrow{Br_2(2eq.)}$

262. $CH_3CH_2-C\equiv C-CH_2CH_3 \xrightarrow{Br_2(2eq.)}$

! *Hint*：三重結合のうち一本が開いて，二つの臭素原子が結合する．その後，もう一度，同じ反応が起きる．

45 アルキンへのハロゲン（2当量）の付加

目安時間  分

263. $-C\equiv C-H \xrightarrow{Cl_2(2eq.)}$

264. $-C\equiv C-H \xrightarrow{Cl_2(2eq.)}$

265. $-C\equiv C-H \xrightarrow{Br_2(2eq.)}$

266. $-C\equiv C-H \xrightarrow{Br_2(2eq.)}$

! *Hint*：三重結合のうち一本が開いて，二つのハロゲン原子が結合する．その後，もう一度，同じ反応が起きる．

46 内部アルキンへの水付加によるケトン生成　　目安時間 10 分

267. $CH_3-C\equiv C-CH_3 \xrightarrow[H_2SO_4]{H_2O}$

268. $CH_3CH_2-C\equiv C-CH_2CH_3 \xrightarrow[H_2SO_4]{H_2O}$

269. $C_6H_5-C\equiv C-C_6H_5 \xrightarrow[H_2SO_4]{H_2O}$

270.
$$\begin{array}{ccccccccc} & & CH_3 & & & & CH_3 & & \\ & & | & & & & | & & \\ H_3C & - & C & - & C\equiv C & - & C & - & CH_3 \\ & & | & & & & | & & \\ & & CH_3 & & & & CH_3 & & \end{array} \xrightarrow[H_2SO_4]{H_2O}$$

! *Hint*：三重結合のうち一本が開いて，水素とヒドロキシ基が結合する．生成したビニルアルコールは，互変異性化を経てケトンになる．

47 末端アルキンへの水付加によるケトン生成　　目安時間  分

271. $CH_3-C\equiv CH \xrightarrow[H_2SO_4,\ HgSO_4]{H_2O}$

272. $CH_3CH_2-C\equiv CH \xrightarrow[H_2SO_4,\ HgSO_4]{H_2O}$

273. $C_6H_5-C\equiv CH \xrightarrow[H_2SO_4,\ HgSO_4]{H_2O}$

274.
$$\begin{array}{ccccc} & & CH_3 & & \\ & & | & & \\ H_3C & - & C & - & C\equiv CH \\ & & | & & \\ & & CH_3 & & \end{array} \xrightarrow[H_2SO_4,\ HgSO_4]{H_2O}$$

! *Hint*：三重結合のうち一本が開いて，水素とヒドロキシ基が結合する．生成したビニルアルコールは互変異性化を経てケトンになる．

48 末端アルキンへの水付加によるアルデヒド生成　　目安時間  分

275. $CH_3-C\equiv CH \xrightarrow[(2)\ H_2O_2/OH^-/H_2O]{(1)\ BHR_2}$

276. $CH_3CH_2-C\equiv CH \xrightarrow[(2)\ H_2O_2/OH^-/H_2O]{(1)\ BHR_2}$

277. $C_6H_5-C\equiv CH \xrightarrow[(2)\ H_2O_2/OH^-/H_2O]{(1)\ BHR_2}$

278. $H_3C-C(CH_3)_2-C\equiv CH \xrightarrow[(2)\ H_2O_2/OH^-/H_2O]{(1)\ BHR_2}$

（縦方向に CH_3 基が2つ結合）

! *Hint*：三重結合のうち一本が開いて，水素とヒドロキシ基が結合する．プロトン存在下でのアルキンへの水付加とは水素原子とヒドロキシ基の結合する位置が逆になることに注意．生成したビニルアルコールは互変異性化を経て，より安定なアルデヒドになる．

49 白金触媒による内部アルキンへの接触還元

目安時間  分

279. $CH_3-C\equiv C-CH_3 \xrightarrow[Pt]{H_2}$

280. $CH_3CH_2-C\equiv C-CH_2CH_3 \xrightarrow[Pt]{H_2}$

281. $C_6H_5-C\equiv C-C_6H_5 \xrightarrow[Pt]{H_2}$

282. $H_3C-C(CH_3)_2-C\equiv C-C(CH_3)_2-CH_3 \xrightarrow[Pt]{H_2}$

! *Hint*：三重結合のうち一本が開いて，二つの水素原子が結合する．さらに，もう一度同じ反応が起きて，アルカンが生成する．

50 白金触媒による末端アルキンへの接触還元

目安時間  分

283. $CH_3-C\equiv CH \xrightarrow[Pt]{H_2}$

284. $CH_3CH_2-C\equiv CH \xrightarrow[Pt]{H_2}$

285. $C_6H_5-C\equiv CH \xrightarrow[Pt]{H_2}$

286. $H_3C-C(CH_3)_2-C\equiv CH \xrightarrow[Pt]{H_2}$

! *Hint*：三重結合のうち一本が開いて，二つの水素原子が結合する．さらに，もう一度同じ反応が起きて，アルカンが生成する．

51 リンドラー触媒による内部アルキンへの接触還元

目安時間 5 分

287. $CH_3-C\equiv C-CH_3 \xrightarrow[\text{リンドラー触媒}]{H_2}$

288. $CH_3CH_2-C\equiv C-CH_2CH_3 \xrightarrow[\text{リンドラー触媒}]{H_2}$

289. $C_6H_5-C\equiv C-C_6H_5 \xrightarrow[\text{リンドラー触媒}]{H_2}$

290. $H_3C-C(CH_3)_2-C\equiv C-C(CH_3)_2-CH_3 \xrightarrow[\text{リンドラー触媒}]{H_2}$

Hint：三重結合のうち一本が開いて，二つの水素原子が結合して，反応は止まる．二つの水素はシス体になるように結合させよう．

52 内部アルキンをバーチ還元

目安時間  分

291. $CH_3-C\equiv C-CH_3 \xrightarrow[NH_3(liq.)]{Na}$

292. $CH_3CH_2-C\equiv C-CH_2CH_3 \xrightarrow[NH_3(liq.)]{Na}$

293. $C_6H_5-C\equiv C-C_6H_5 \xrightarrow[NH_3(liq.)]{Na}$

294. $H_3C-C(CH_3)_2-C\equiv C-C(CH_3)_2-CH_3 \xrightarrow[NH_3(liq.)]{Na}$

Hint：三重結合のうち一本が開いて，二つの水素原子が結合する．二つの水素はトランス体になるように結合させよう．

53 末端アルキンの増炭反応

目安時間 10 分

295. $CH_3-C\equiv CH \xrightarrow[(2)\ CH_3Br]{(1)\ NaNH_2}$

296. $CH_2CH_3-C\equiv CH \xrightarrow[(2)\ CH_3Br]{(1)\ NaNH_2}$

297. $C_6H_5-C\equiv CH \xrightarrow[(2)\ C_2H_5Br]{(1)\ NaNH_2}$

298. $H_3C-C(CH_3)_2-C\equiv CH \xrightarrow[(2)\ C_2H_5Br]{(1)\ NaNH_2}$

Hint：sp 炭素に結合した水素原子が強塩基で引き抜かれ，求核体が生成する．

置換反応

実施日：　月　日

反応のポイント

sp^3 炭素上で，求核体 Nu^- と脱離基 X^- が入れ替わる．これが基本の形になる．この章では，どの化学種，置換基が求核体 Nu^-，脱離基 X^- に相当するかを考えよう．

$$\text{—C—X} \xrightarrow{Nu^-} \text{—C—Nu} + X^-$$

この反応の機構は二種類（S_N1 反応と S_N2 反応）ある．カルボカチオンが生成しやすい条件（基質が級数の大きいハロゲン化アルキル）では S_N1 反応，そうでない条件では S_N2 反応が起こりやすい．

どちらの反応機構で進むかによって，生成物の構造や生成物の立体化学が決まる．

A. S_N1 反応

まず X^- が脱離して，カルボカチオンが生成する．続いて，求核体 Nu^- がカルボカチオンと結合する．

$$\text{—C—X} \longrightarrow \text{—C}^+ + X^- \xrightarrow{Nu^-} \text{—C—Nu} + X^-$$

X^- が脱離して生成するカルボカチオンは平面なので，求核体 Nu^- はこの上下（経路 a と b）から等確率で接近する．中心の炭素に結合している四つの置換基がすべて異なる場合はラセミ体になる．

R_1, R_2, R_3, C, X, (a), (b), Nu^-

(a)　(b)

B. S_N2 反応

求核体 Nu^- の攻撃と X^- の脱離が同時に起こる．

$$\text{—C—X} \xrightarrow{Nu^-} \text{—C—Nu} + X^-$$

求核体 Nu^- は脱離する X の背面からしか接近できない．反応が起こる際に，中心の炭素周りの立体が反転する．

Nu^- + $R_1R_2R_3$C—X ⟶ Nu—$CR_1R_2R_3$ + X^-

54 ハロゲン化アルキルの S_N2 反応（1）

目安時間 5 分

299. H_3C–C(H)(H)–I $\xrightarrow[S_N2]{CH_3O^-}$

300. C_2H_5–C(H)(H)–I $\xrightarrow[S_N2]{CH_3O^-}$

301. H_3C–C(H)(H)–I $\xrightarrow[S_N2]{C_2H_5O^-}$

302. C_2H_5–C(H)(H)–I $\xrightarrow[S_N2]{C_2H_5O^-}$

! *Hint*：求核体とヨウ素原子が入れ替わる.

55 ハロゲン化アルキルの S_N2 反応（2）

目安時間  分

303. 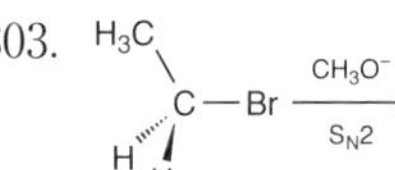
H_3C–C(H)(H)–Br $\xrightarrow[S_N2]{CH_3O^-}$

304. C_2H_5–C(H)(H)–Br $\xrightarrow[S_N2]{CH_3O^-}$

305. H_3C–C(H)(H)–Br $\xrightarrow[S_N2]{C_2H_5O^-}$

306. C_2H_5–C(H)(H)–Br $\xrightarrow[S_N2]{C_2H_5O^-}$

! *Hint*：求核体と臭素原子が入れ替わる.

56 ハロゲン化アルキルの S_N2 反応（3）

目安時間  分

307. H_3C–C(C_2H_5)(H)–I $\xrightarrow[S_N2]{CH_3O^-}$

308. H_3C, C_2H_5, H ＞ C—I $\xrightarrow[S_N2]{C_2H_5O^-}$

309. H_3C, H, C_2H_5 ＞ C—I $\xrightarrow[S_N2]{CH_3O^-}$

310. H_3C, H, C_2H_5 ＞ C—I $\xrightarrow[S_N2]{C_2H_5O^-}$

Hint：求核体とヨウ素原子が入れ替わる．生成物の立体配置もしっかりと描こう．

57　ハロゲン化アルキルの S_N2 反応（4）

目安時間  分

311. H_3C, C_2H_5, H ＞ C—Br $\xrightarrow[S_N2]{CH_3O^-}$

312. H_3C, C_2H_5, H ＞ C—Br $\xrightarrow[S_N2]{C_2H_5O^-}$

313. H_3C, H, C_2H_5 ＞ C—Br $\xrightarrow[S_N2]{CH_3O^-}$

314. H_3C, H, C_2H_5 ＞ C—Br $\xrightarrow[S_N2]{C_2H_5O^-}$

Hint：求核体と臭素原子が入れ替わる．生成物の立体配置もしっかりと描こう．

58　ハロゲン化アルキルの S_N1 反応（1）

目安時間  分

315. H_3C, H_3C, CH_3 ＞ C—I $\xrightarrow[S_N1]{C_2H_5OH}$

316. H_3C, H_3C, CH_3 ＞ C—I $\xrightarrow[S_N1]{CH_3OH}$

317. C_2H_5, H_3C, CH_3 ＞ C—I $\xrightarrow[S_N1]{C_2H_5OH}$

318. (C_2H_5)(H_3C)(CH_3)C—I $\xrightarrow[S_N1]{CH_3OH}$

Hint：求核体とヨウ素原子が入れ替わる.

59 ハロゲン化アルキルの S_N1 反応（2）

319. (H_3C)(H_3C)(CH_3)C—Br $\xrightarrow[S_N1]{C_2H_5OH}$

320. (H_3C)(H_3C)(CH_3)C—Br $\xrightarrow[S_N1]{CH_3OH}$

321. (C_2H_5)(H_3C)(CH_3)C—Br $\xrightarrow[S_N1]{C_2H_5OH}$

322. (C_2H_5)(H_3C)(CH_3)C—Br $\xrightarrow[S_N1]{CH_3OH}$

Hint：求核体と臭素原子が入れ替わる.

60 ハロゲン化アルキルの S_N1 反応（3）

323. (C_2H_5)(H_3C)($CH_2CH_2CH_3$)C—Br $\xrightarrow[S_N1]{C_2H_5OH}$

324. (C_2H_5)(H_3C)($CH_2CH_2CH_3$)C—Br $\xrightarrow[S_N1]{CH_3OH}$

325. (H_3C)(C_2H_5)($CH_2CH_2CH_3$)C—Br $\xrightarrow[S_N1]{C_2H_5OH}$

326. (H_3C)(C_2H_5)($CH_2CH_2CH_3$)C—Br $\xrightarrow[S_N1]{CH_3OH}$

Hint：求核体と臭素原子が入れ替わる．生成物の立体配置もしっかりと描こう.

61 ハロゲン化アルキルの S_N1 反応（4）

目安時間 5 分

327. C_2H_5, H_3C, $CH_2CH_2CH_3$ ― C ― I $\xrightarrow[S_N1]{C_2H_5OH}$

328. C_2H_5, H_3C, $CH_2CH_2CH_3$ ― C ― I $\xrightarrow[S_N1]{CH_3OH}$

329. H_3C, C_2H_5, $CH_2CH_2CH_3$ ― C ― I $\xrightarrow[S_N1]{C_2H_5OH}$

330. H_3C, C_2H_5, $CH_2CH_2CH_3$ ― C ― I $\xrightarrow[S_N1]{CH_3OH}$

Hint：求核体とヨウ素原子が入れ替わる．生成物の立体配置もしっかりと描こう．

62 ハロゲン化アルキルからアルコール（S_N2 反応）（1）

目安時間 5 分

331. C_2H_5, H, H ― C ― I $\xrightarrow[S_N2]{HO^-}$

332. H_3C, H, H ― C ― I $\xrightarrow[S_N2]{HO^-}$

333. C_6H_5, H, H ― C ― I $\xrightarrow[S_N2]{HO^-}$

334. $C_6H_5H_2C$, H, H ― C ― I $\xrightarrow[S_N2]{HO^-}$

Hint：求核体の水酸化物イオンとヨウ素原子が入れ替わる．

63 ハロゲン化アルキルからアルコール（S_N2 反応）（2）

目安時間 5 分

335. C_2H_5, H, H ― C ― Br $\xrightarrow[S_N2]{OH^-}$

336. H_3C
C — Br $\xrightarrow[S_N2]{OH^-}$
H H

337. C_6H_5
C — Br $\xrightarrow[S_N2]{OH^-}$
H H

338. $C_6H_5H_2C$
C — Br $\xrightarrow[S_N2]{OH^-}$
H H

Hint：求核体の水酸化物イオンと臭素原子が入れ替わる．

64 ハロゲン化アルキルからアルコール（S_N1 反応）（１）

目安時間  分

339. $H_3CH_2CH_2C$
C — I $\xrightarrow[S_N1]{H_2O}$
C_2H_5 CH_3

340. C_2H_5
C — I $\xrightarrow[S_N1]{H_2O}$
$H_3CH_2CH_2C$ CH_3

341. $H_3CH_2CH_2C$
C — I $\xrightarrow[S_N1]{H_2O}$
$(H_3C)_2HC$ CH_3

342. $(H_3C)_2HC$
C — I $\xrightarrow[S_N1]{H_2O}$
$H_3CH_2CH_2C$ CH_3

Hint：求核体の水とヨウ素原子が入れ替わる．生成物の立体配置もしっかりと描こう．

65 ハロゲン化アルキルからアルコール（S_N1 反応）（２）

目安時間  分

343. $H_3CH_2CH_2C$
C — Br $\xrightarrow[S_N1]{H_2O}$
C_2H_5 CH_3

344. C_2H_5
C — Br $\xrightarrow[S_N1]{H_2O}$
$H_3CH_2CH_2C$ CH_3

345. $H_3CH_2CH_2C$
C — Br $\xrightarrow[S_N1]{H_2O}$
$(H_3C)_2HC$ CH_3

346. $(H_3C)_2HC$ / C—Br / $H_3CH_2CH_2C$ / CH_3 $\xrightarrow[S_N1]{H_2O}$

Hint：求核体の水と臭素原子が入れ替わる．生成物の立体配置もしっかりと描こう．

66 ハロゲン化アルキルからアルコール（S_N1 反応）（3）

目安時間 5 分

347. CH_3, I $\xrightarrow[S_N1]{H_2O}$

348. CH_3, Br $\xrightarrow[S_N1]{H_2O}$

349. CH_3, I $\xrightarrow[S_N1]{H_2O}$

350. CH_3, Br $\xrightarrow[S_N1]{H_2O}$

Hint：求核体の水とハロゲン原子が入れ替わる．環状化合物でも考え方は同じ．

67 ハロゲン化アルキルからエーテル（S_N1 反応）

目安時間 5 分

351. CH_3, Br $\xrightarrow[S_N1]{CH_3OH}$

352. C_2H_5, I $\xrightarrow[S_N1]{CH_3OH}$

353. CH_3, Br $\xrightarrow[S_N1]{CH_3OH}$

354. C_2H_5, I $\xrightarrow[S_N1]{CH_3OH}$

Hint：求核体のアルコールとハロゲン原子が入れ替わる．環状化合物でも考え方は同じ．

68 二置環シクロヘキサンの S_N2 反応（1）

目安時間  分

355. Br, CH_3 $\xrightarrow[S_N2]{CH_3O^-}$

356. H_3C, Br $\xrightarrow[S_N2]{CH_3O^-}$

357. H_3C, CH_3, Br $\xrightarrow[S_N2]{CH_3O^-}$

358. H_3C … Br $\xrightarrow[S_N2]{CH_3O^-}$

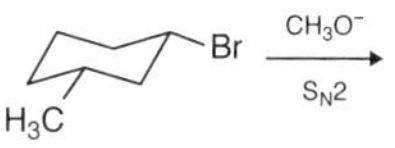

359. CH_3 … Br $\xrightarrow[S_N2]{CH_3O^-}$

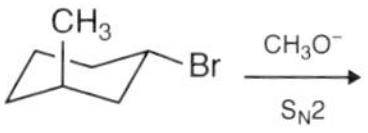

Hint：求核体のアルコキシドと臭素原子が入れ替わる．置換基のアキシャル，エカトリアルに注意しよう．

69 二置環シクロヘキサンの S_N2 反応（2）

目安時間  分

360. C_2H_5 … Br $\xrightarrow[S_N2]{C_2H_5O^-}$

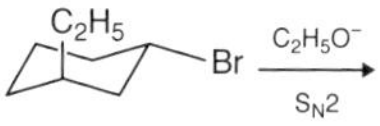

361. H_3C, CH_3 … Br $\xrightarrow[S_N2]{C_2H_5O^-}$

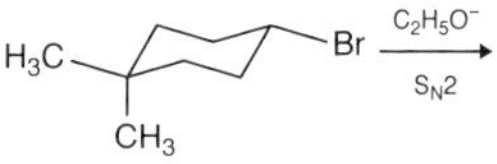

362. C_2H_5, CH_3 … Br $\xrightarrow[S_N2]{C_2H_5O^-}$

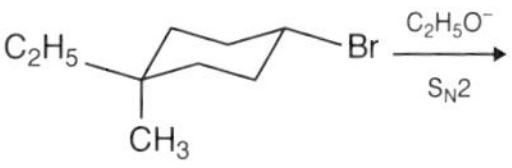

363. CH_3 … Br $\xrightarrow[S_N2]{C_2H_5O^-}$

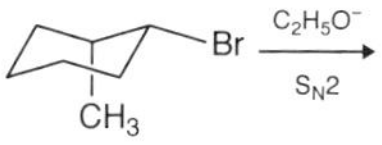

364. CH_3 … Br $\xrightarrow[S_N2]{C_2H_5O^-}$

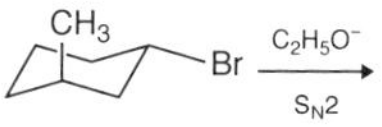

Hint：求核体のアルコキシドと臭素原子が入れ替わる．置換基のアキシャル，エカトリアルに注意しよう．

70 二置環シクロヘキサンの S_N1 反応（1）

目安時間  分

365. Br, H_3C, CH_3 $\xrightarrow[S_N1]{CH_3OH}$

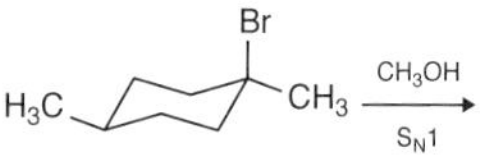

366. CH_3, H_3C, Br $\xrightarrow[S_N1]{CH_3OH}$

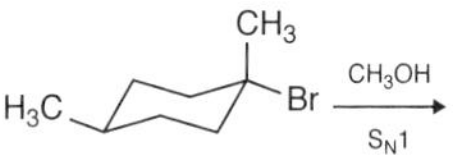

367. CH_3, H_3C, Br, CH_3 $\xrightarrow[S_N1]{CH_3OH}$

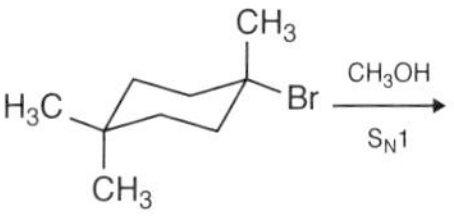

368. CH_3, Br, H_3C $\xrightarrow[S_N1]{CH_3OH}$

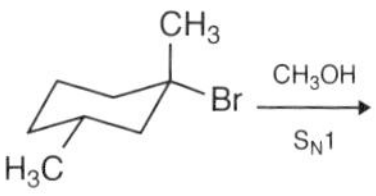

369. Br, CH_3, H_3C $\xrightarrow[S_N1]{CH_3OH}$

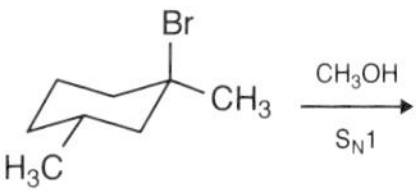

Hint：求核体のアルコールと臭素原子が入れ替わる．置換基のアキシャル，エカトリアルに注意しよう．

71　二置環シクロヘキサンの S_N1 反応（2）

目安時間 10 分

370. H_3C–(シクロヘキサン)–Br, C_2H_5 $\xrightarrow[S_N1]{C_2H_5OH}$

371. H_3C–(シクロヘキサン)–C_2H_5, Br $\xrightarrow[S_N1]{C_2H_5OH}$

372. (シクロヘキサン) Br, CH_3, CH_3 $\xrightarrow[S_N1]{C_2H_5OH}$

373. (シクロヘキサン) Br, C_2H_5, CH_3 $\xrightarrow[S_N1]{C_2H_5OH}$

374. C_2H_5–(シクロヘキサン)–Br, C_2H_5 $\xrightarrow[S_N1]{C_2H_5OH}$

! *Hint*：求核体のアルコールと臭素原子が入れ替わる．置換基のアキシャル，エカトリアルに注意しよう．

72　ハロゲン化アリルの S_N2 反応

目安時間 10 分

375. $CH_3-CH=CH-CH_2Br \xrightarrow[S_N2]{HO^-}$

376. $CH_3-CH=CH-CH_2Br \xrightarrow[S_N2]{CH_3O^-}$

377. $CH_3-C(CH_3)=CH-CH_2Br \xrightarrow[S_N2]{HO^-}$

378. $CH_3-C(CH_3)=CH-CH_2Br \xrightarrow[S_N2]{CH_3O^-}$

379. (シクロペンチリデン)$C=CH-CH_2Br \xrightarrow[S_N2]{HO^-}$

380. (シクロペンチリデン)$C=CH-CH_2Br \xrightarrow[S_N2]{CH_3O^-}$

! *Hint*：S_N2 反応ではカルボカチオンを経由しないので，臭素原子の位置を求核体に置き換えた生成物を考えればよい．

73　ハロゲン化アリルの S_N1 反応

目安時間 10 分

381. $CH_2=CH-CH_2Br \xrightarrow[S_N1]{H_2O}$

382. $CH_2=CH-CH_2Br \xrightarrow[S_N1]{CH_3OH}$

383. $CH_3-CH=CH-CH_2Br \xrightarrow[S_N1]{H_2O}$

384. $CH_3-CH=CH-CH_2Br \xrightarrow[S_N1]{CH_3OH}$

385. $CH_3-C(CH_3)=CH-CH_2Br \xrightarrow[S_N1]{H_2O}$

386. $CH_3-C(CH_3)=CH-CH_2Br \xrightarrow[S_N1]{CH_3OH}$

Hint：S_N1 反応ではカルボカチオンを経由するので，カルボカチオンの共鳴寄与体を書き出してみよう．

74 分子内環化

目安時間  分

387. 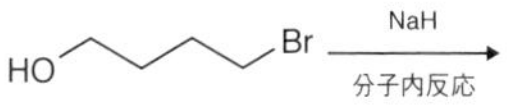 HO　Br $\xrightarrow[\text{分子内反応}]{NaH}$

388. 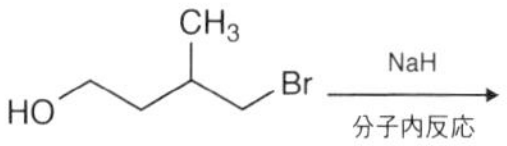 HO　CH_3　Br $\xrightarrow[\text{分子内反応}]{NaH}$

389. 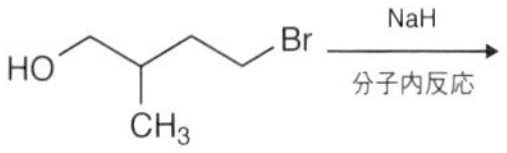 HO　CH_3　Br $\xrightarrow[\text{分子内反応}]{NaH}$

390. 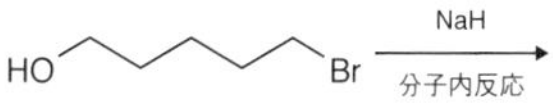 HO　Br $\xrightarrow[\text{分子内反応}]{NaH}$

391. 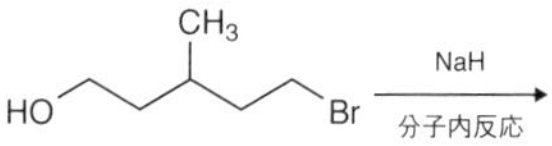 HO　CH_3　Br $\xrightarrow[\text{分子内反応}]{NaH}$

392. 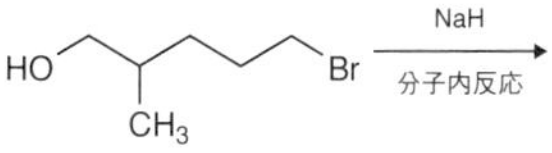 HO　CH_3　Br $\xrightarrow[\text{分子内反応}]{NaH}$

Hint：塩基がヒドロキシ基からプロトンを引き抜き，得られた求核体が，同一分子中の臭素原子を追い出すように環を巻く．

脱離反応

実施日：　　月　　日

反応のポイント

ハロゲン化アルキル（R−X）に塩基が反応し，C=C 結合をもつアルケン，塩基の共役酸（BH），ハロゲン化物イオン(X^-)が生成する．これが基本の形式になる．本章では，どの化学種と置換基が，塩基 B^- と脱離基 X^- に相当するかを考えよう．

$$-\overset{|}{\underset{X}{\overset{|}{C}}}-\overset{|}{\underset{H}{\overset{|}{C}}}- \xrightarrow{B^-} -\overset{|}{C}=\overset{|}{C}- + BH + X^-$$

この反応の機構は二種類（E1 反応と E2 反応）ある．カルボカチオンが生成しやすい条件（基質が級数の大きいハロゲン化アルキル）では E1 反応が，そうでない条件では E2 反応が起こりやすい．

A. E1 反応

$$-\underset{X}{C}-\underset{H}{C}- \longrightarrow -\overset{+}{C}-\underset{H}{C}- \xrightarrow[+X^-]{B^-} -C=C- + BH + X^-$$

B. E2 反応

$$-\underset{X}{C}-\underset{H}{C}- \xrightarrow{B^-} -C=C- + BH + X^-$$

C. ザイツェフ（Zaitsev）則

ハロゲン化アルキルからの脱ハロゲン化水素において脱離の方向に二つ以上の可能性がある場合は，炭素-炭素二重結合に，より多くのアルキル基が置換したアルケンが主生成物となる．

$$H_3C-CH(CH_3)-CH(Br)-CH_3 \xrightarrow{-HBr} (H_3C)_2C=C(CH_3)H + H_3C-CH(CH_3)-CH=CH_2$$

主生成物（二重結合にアルキル基が三つ）　副生成物（二重結合にアルキル基が一つ）

D. ハロゲン化シクロヘキシルの E2 脱離

シクロヘキサン環は自由に回転できないため，ハロゲンをもつシクロヘキサンの E2 脱離では，隣り合う脱離基 X と水素原子がどの方向を向いているかが重要になる．X と H の両方がアキシャル位にあるときのみ，E2 脱離が起こる（この場合のみ，二つの p 軌道が重なり π 結合を形成する）．

X，H，B^-，$+BH+X^-$

X も H もアキシャル

X と H が次のような配置の場合は，E2 脱離できない．どの水素原子が脱離可能かを見極めながら解いていこう．

X，H　　X，H

X はアキシャル，H はエカトリアル　　X も H もエカトリアル

脱離基 X がエカトリアル基にあるときは，まずシクロヘキサン環を反転させて，X をアキシャル位にもってこよう．続いて，その配座ではどの水素原子が脱離可能かを考えよう．

X，H，CH_3 ⇄（環反転）H，H_3C，X →(B^-) H_3C　$+BH+X^-$

75 ハロゲン化アルキルの脱離（1）

目安時間 10 分

393. $CH_3-CH_2-CH_2-Br \xrightarrow[\text{Elimination}]{OH^-}$

394. $CH_3-CH_2-CH_2-I \xrightarrow[\text{Elimination}]{OH^-}$

395. $CH_3-CH_2-CH_2-CH_2-Br \xrightarrow[\text{Elimination}]{OH^-}$

396. $CH_3-CH_2-CH_2-CH_2-I \xrightarrow[\text{Elimination}]{OH^-}$

397. $CH_3-CH(CH_3)-CH_2-CH_2-Br \xrightarrow[\text{Elimination}]{OH^-}$

398. $CH_3-CH(CH_3)-CH_2-CH_2-I \xrightarrow[\text{Elimination}]{OH^-}$

399. $CH_3-CH(I)-CH_3 \xrightarrow[\text{Elimination}]{OH^-}$

400. $CH_3-CH(Br)-CH_3 \xrightarrow[\text{Elimination}]{OH^-}$

401. $CH_3-CH_2-CH(Br)-CH_2-CH_3 \xrightarrow[\text{Elimination}]{OH^-}$

402. $CH_3-CH_2-CH(I)-CH_2-CH_3 \xrightarrow[\text{Elimination}]{OH^-}$

Hint：ハロゲン化水素が脱離し，二重結合が生成する．

76 ハロゲン化アルキルの脱離（2）

目安時間 10 分

403. $CH_3-CH_2-CH(Br)-CH_3 \xrightarrow[\text{Elimination}]{OH^-}$

404. $CH_3-CH_2-CH_2-CH(Br)-CH_3 \xrightarrow[\text{Elimination}]{OH^-}$

405. $CH_3-CH_2-CH_2-\underset{Br}{\overset{CH_3}{C}}-CH_3 \xrightarrow[\text{Elimination}]{OH^-}$

406. $CH_3-CH_2-\overset{CH_3}{CH}-\underset{Br}{\overset{CH_3}{C}}-CH_3 \xrightarrow[\text{Elimination}]{OH^-}$

407. $CH_3-CH_2-\underset{Br}{\overset{CH_3}{C}}-CH_2-CH_3 \xrightarrow[\text{Elimination}]{OH^-}$

408. $CH_3-CH_2-\underset{Br}{\overset{CH_3}{C}}-\overset{CH_3}{CH}-CH_3 \xrightarrow[\text{Elimination}]{OH^-}$

Hint：ハロゲン化水素が脱離し，二重結合が生成する．二重結合が入る位置が複数考えられる場合にはザイツェフ則を適用しよう．

77　ハロゲン化アルキルの脱離（3）　目安時間  分

409. Br $\xrightarrow[\text{Elimination}]{OH^-}$

410. I $\xrightarrow[\text{Elimination}]{OH^-}$

411. Br $\xrightarrow[\text{Elimination}]{OH^-}$

412. I $\xrightarrow[\text{Elimination}]{OH^-}$

413. Br, H_3C $\xrightarrow[\text{Elimination}]{OH^-}$

414. I, H_3C $\xrightarrow[\text{Elimination}]{OH^-}$

Hint：環状化合物でも考え方は同じ．ハロゲン化水素が脱離し，二重結合が生成する．

78　ハロゲン化アルキルの脱離（4）　目安時間  分

415. Br, CH_3 $\xrightarrow[\text{Elimination}]{OH^-}$

416. Br, CH_3, CH_3 $\xrightarrow[\text{Elimination}]{OH^-}$

417. Br, CH_3, H_3C, CH_3 $\xrightarrow[\text{Elimination}]{OH^-}$

418. CH_3, CH, Br, CH_3 $\xrightarrow[\text{Elimination}]{OH^-}$

Hint：環状化合物でも考え方は同じ．二重結合が入る位置が複数考えられる場合にはザイツェフ則を適用しよう．

79 置換シクロヘキサンの脱離（1）

目安時間  分

419. Cl $\xrightarrow[\text{E2}]{OH^-}$

420. CH_3, Cl $\xrightarrow[\text{E2}]{OH^-}$

421. CH_3, Cl $\xrightarrow[\text{E2}]{OH^-}$

422. C_2H_5, H_3C, Cl $\xrightarrow[\text{E2}]{OH^-}$

Hint：置換シクロヘキサンから塩化水素が脱離できる条件を考えよう．

80 置換シクロヘキサンの脱離（2）

目安時間   分

423. Cl $\xrightarrow[\text{E2}]{OH^-}$

424. CH_3, Cl $\xrightarrow[\text{E2}]{OH^-}$

425. CH_3, C_2H_5, Cl $\xrightarrow[\text{E2}]{OH^-}$

426. C_2H_5, H_3C, Cl $\xrightarrow[\text{E2}]{OH^-}$

Hint：まず環反転させて，塩素原子がアキシャル位に来るようにしよう．続いて，どこに二重結合ができるかを考えよう．

アルコール，エーテルの反応

実施日：　　月　　日

反応のポイント

A. アルコールの置換および脱離反応

アルコール（R−OH）に求核体（Nu^-）が攻撃して置換生成物（R−Nu）が生成する．基本的な考え方は3章で出てくるハロゲン化アルキルの置換反応と同様である．また，アルコールに塩基が反応し，炭素−炭素二重結合をもつアルケンとH_2Oが生成する．これも，基本的な考え方は4章で出てくるハロゲン化アルキルの脱離反応と同様である．しかしアルコールのヒドロキシ基はOH^-のままでは脱離しにくいので，何らかの工夫が必要である．たとえばプロトンを加えれば，より脱離しやすい水分子として取れるようになる．

本章では，この他にもアルコールのヒドロキシ基を脱離しやすくする仕組みを学ぶ．

$$R-OH \xrightarrow{H^+} R-\overset{+}{O}H_2 \xrightarrow{Nu^-} R-Nu$$

$$R-CH_2-CH_2-OH \xrightarrow{H^+} R-CH_2-CH_2-\overset{+}{O}H_2$$

$$\xrightarrow{\text{塩基}} R-CH{=}CH_2$$

B. エポキシドの開環

エポキシドもエーテルの一種と考えることができるが，歪んだ三員環構造のため，求核体の攻撃によって容易に開環する．この場合，酸性条件と塩基性条件で生成物が異なる．

$$\text{エポキシド} \xrightarrow[(2)\ H^+]{(1)\ Nu^-} Nu\text{−CH}_2\text{CH}_2\text{−OH}$$

左右非対称なエポキシドへの求核置換反応では，酸性条件と塩基性条件で生成物が異なる．酸性条件では，プロトン化したエポキシドへ求核攻撃が起こる．この際，「より安定なカルボカチオンが生成する方向にエポキシドが開く」と考えよう．

一方，塩基性条件では，「求核体は立体的に混み合っていないエポキシド炭素を攻撃する」と考えよう．

酸性条件

$$\text{H}_3\text{C-エポキシド} \xrightarrow{H^+} \text{プロトン化エポキシド} \longrightarrow \text{(ここで開環する) 第二級カルボカチオン}$$

$$\xrightarrow{CH_3OH} H_3C-CH(\overset{+}{O}HCH_3)-CH_2OH \xrightarrow{-H^+} H_3C-CH(OCH_3)-CH_2OH$$

塩基性条件

$$\text{H}_3\text{C-エポキシド (ここで開環する)} \xrightarrow{CH_3O^-} H_3C-CH(O^-)-CH_2OCH_3 \xrightarrow{H^+} H_3C-CH(OH)-CH_2OCH_3$$

C. アルコールの酸化反応

第一級アルコールを種々の酸化剤で処理すると，アルデヒドもしくはカルボン酸を生じる．第二級アルコールではケトンを生じる．

$$R-CH_2-OH \xrightarrow{\text{酸化剤}} R-CHO \xrightarrow{\text{酸化剤}} R-COOH$$

$$R-CH(R')-OH \xrightarrow{\text{酸化剤}} R-C(R'){=}O$$

D. 有機金属試薬

有機銅試薬R_2CuLi，Grignard試薬RMgXでは，アルキル基RはR^-として振る舞う．このため，これらの試薬は求核剤として用いることができる．炭素と金属元素の電気陰性度を比較すると，炭素原子が負電荷を帯びることが予想できる．「なぜ，その元素が用いられるか」を意識すれば，基質や試薬がどのように反応するか予測しやすくなってくる．

81 アルコールの脱水（1）

目安時間 10 分

427. $CH_3-CH_2-OH \xrightarrow[\text{Elimination}]{H_3O^+}$

428. $CH_3-CH_2-CH_2-OH \xrightarrow[\text{Elimination}]{H_3O^+}$

429. $CH_3-CH_2-CH_2-CH_2-OH \xrightarrow[\text{Elimination}]{H_3O^+}$

430. $CH_3-CH(OH)-CH_3 \xrightarrow[\text{Elimination}]{H_3O^+}$

431. $CH_3-CH_2-CH(OH)-CH_2-CH_3 \xrightarrow[\text{Elimination}]{H_3O^+}$

432. $CH_3-C(CH_3)(OH)-CH_3 \xrightarrow[\text{Elimination}]{H_3O^+}$

433. $CH_3-CH_2-C(CH_3)(OH)-CH_2-CH_3 \xrightarrow[\text{Elimination}]{H_3O^+}$

Hint：アルコールから水が脱離し，二重結合が生成する．二重結合が入る位置が複数考えられる場合にはザイツェフ則を適用しよう．

82 アルコールの脱水（2）

目安時間  分

434. OH $\xrightarrow[\text{Elimination}]{H_3O^+}$

435. CH_3, OH $\xrightarrow[\text{Elimination}]{H_3O^+}$

436. OH, CH_3 $\xrightarrow[\text{Elimination}]{H_3O^+}$

437. CH_3, CH_3, OH $\xrightarrow[\text{Elimination}]{H_3O^+}$

Hint：環状化合物でも考え方は同じ．二重結合が入る位置が複数考えられる場合にはザイツェフ則を適用しよう．

83 アルコールの修飾（1）

目安時間 5 分

438. $CH_3-CH_2-OH \xrightarrow[\text{Pyridine}]{SOCl_2}$

439. $CH_3-CH_2-OH \xrightarrow[\text{Pyridine}]{CH_3SO_2Cl}$

440. $CH_3-CH_2-OH \xrightarrow[\text{Pyridine}]{CF_3SO_2Cl}$

441. $CH_3-CH_2-OH \xrightarrow[\text{Pyridine}]{H_3C-C_6H_4-SO_2Cl}$

Hint：アルコールのヒドロキシ基が何に置き換わるかを考えよう.

84 アルコールの修飾（2）

目安時間  分

442. 1-メチルシクロヘキサノール（OH, CH_3） $\xrightarrow[\text{Pyridine}]{SOCl_2}$

443. 1-メチルシクロヘキサノール（OH, CH_3） $\xrightarrow[\text{Pyridine}]{CH_3SO_2Cl}$

444. 1-メチルシクロヘキサノール（OH, CH_3） $\xrightarrow[\text{Pyridine}]{CF_3SO_2Cl}$

445. 1-メチルシクロヘキサノール（OH, CH_3） $\xrightarrow[\text{Pyridine}]{H_3C-C_6H_4-SO_2Cl}$

Hint：環状アルコールでも考え方は同じ．アルコールのヒドロキシ基が何に置き換わるかを考えよう.

85 アルコールの修飾（3）

目安時間  分

446. $C_6H_5CH_2CH_2OH \xrightarrow[\text{Pyridine}]{SOCl_2}$

447. $C_6H_5CH_2CH_2OH \xrightarrow[\text{Pyridine}]{CH_3SO_2Cl}$

448. $C_6H_5CH_2CH_2OH \xrightarrow[\text{Pyridine}]{CF_3SO_2Cl}$

449. $C_6H_5CH_2CH_2OH \xrightarrow[\text{Pyridine}]{H_3C-C_6H_4-SO_2Cl}$

Hint：アルコールのヒドロキシ基が何に置き換わるかを考えよう.
スルホン酸エステルを描くときは，酸素原子の数に注意しよう.

86 不斉アルコールの修飾　　目安時間 10 分

450. $H_3CH_2C-C(CH_3)(H)-OH$ $\xrightarrow[\text{Pyridine}]{PBr_3}$ 　　$\xrightarrow{CH_3O^-}$

451. $H_3CH_2C-C(CH_3)(H)-OH$ $\xrightarrow[\text{Pyridine}]{TsCl}$ 　　$\xrightarrow{CH_3O^-}$

452. $H_3CH_2C-C(CH_3)(OH)-H$ $\xrightarrow[\text{Pyridine}]{PBr_3}$ 　　$\xrightarrow{CH_3O^-}$

453. $H_3CH_2C-C(CH_3)(OH)-H$ $\xrightarrow[\text{Pyridine}]{TsCl}$ 　　$\xrightarrow{CH_3O^-}$

! *Hint*：アルコールのヒドロキシ基だった箇所が各段階で何に置き換わるかを考えよう．これらのアルコールは不斉炭素をもつので，生成物の立体も考えよう．

87 アルコールをスルホン酸エステル化してから置換反応（1）　　  分

454. CH_3-CH_2-OH $\xrightarrow[\text{Pyridine}]{CH_3SO_2Cl}$ 　　$\xrightarrow{CN^-}$

455. CH_3-CH_2-OH $\xrightarrow[\text{Pyridine}]{CF_3SO_2Cl}$ 　　$\xrightarrow{CH_3O^-}$

456. CH_3-CH_2-OH $\xrightarrow[\text{Pyridine}]{H_3C-C_6H_4-SO_2Cl}$ 　　$\xrightarrow{HC\equiv C^-}$

! *Hint*：アルコールをいったんスルホン酸エステルに変換して，求核体と反応させる．最終的に，ヒドロキシ基が求核体に置き換わった生成物が得られる．

88 アルコールをスルホン酸エステル化してから置換反応（2）　　目安時間  分

457. 1-メチルシクロヘキサノール（OH, CH_3） $\xrightarrow[\text{Pyridine}]{CH_3SO_2Cl}$ 　　$\xrightarrow{CN^-}$

458. 1-メチルシクロヘキサノール（OH, CH_3） $\xrightarrow[\text{Pyridine}]{CF_3SO_2Cl}$ 　　$\xrightarrow{CH_3O^-}$

459. OH / CH_3（シクロヘキサン）　$H_3C-C_6H_4-SO_2Cl$ / Pyridine →　　$HC\equiv C^-$ →

> Hint：アルコールをいったんスルホン酸エステルに変換して，求核体と反応させる．最終的に，ヒドロキシ基が求核体に置き換わった生成物が得られる．

89 アルコールをスルホン酸エステル化してから置換反応（3）

目安時間  分

460. $C_6H_5CH_2CH_2OH$　CH_3SO_2Cl / Pyridine →　　CN^- →

461. $C_6H_5CH_2CH_2OH$　CF_3SO_2Cl / Pyridine →　　CH_3O^- →

462. $C_6H_5CH_2CH_2OH$　$H_3C-C_6H_4-SO_2Cl$ / Pyridine →　　$HC\equiv C^-$ →

> Hint：アルコールをいったんスルホン酸エステルに変換して，求核体と反応させる．最終的に，ヒドロキシ基が求核体に置き換わった生成物が得られる．

90 アルコールの酸化剤との反応（第二級アルコール）

目安時間  分

463. CH_3 / OH（シクロヘキサン）　PCC / CH_2Cl_2 →

464. CH_3 / OH（シクロヘキサン）　H_2CrO_4 →

465. CH_3 / OH（シクロヘキサン）　NaOCl / CH_3COOH →

466. CH_3 / OH（シクロヘキサン）　$Na_2Cr_2O_7$ / H_2SO_4 →

> Hint：第二級アルコールはこれらの酸化剤と反応してケトンになる．

91 アルコールの酸化剤との反応（第一級アルコール）

目安時間 10 分

467.

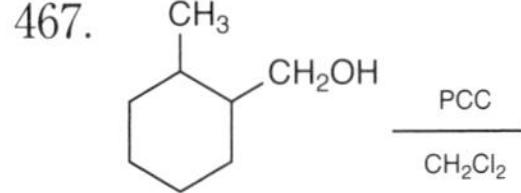

PCC / CH_2Cl_2 →

468. (2-methylcyclohexyl)CH_2OH $\xrightarrow{H_2CrO_4}$

469. (2-methylcyclohexyl)CH_2OH $\xrightarrow[CH_3COOH]{NaOCl}$

470. (2-methylcyclohexyl)CH_2OH $\xrightarrow[H_2SO_4]{Na_2Cr_2O_7}$

Hint：第一級アルコールは酸化剤の種類によって，アルデヒドもしくはカルボン酸を与える．

92 エポキシドの開環（1）

目安時間  分

471. エポキシド $\xrightarrow[CH_3OH]{H^+}$

472. エポキシド $\xrightarrow[(2)\ H^+]{(1)\ CH_3O^-}$

473. エポキシド–CH_3 $\xrightarrow[CH_3OH]{H^+}$

474. エポキシド–CH_3 $\xrightarrow[(2)\ H^+]{(1)\ CH_3O^-}$

475. エポキシド(CH_3, CH_3) $\xrightarrow[CH_3OH]{H^+}$

476. エポキシド(CH_3, CH_3) $\xrightarrow[(2)\ H^+]{(1)\ CH_3O^-}$

477. H_3C–エポキシド(CH_3, CH_3) $\xrightarrow[CH_3OH]{H^+}$

478. H_3C–エポキシド(CH_3, CH_3) $\xrightarrow[(2)\ H^+]{(1)\ CH_3O^-}$

Hint：左右非対称のエポキシドは酸性条件下と塩基性条件下で開環する位置が異なる．

93 エポキシドの開環（2）

目安時間 10 分

479. エチレンオキシド $\xrightarrow[(2)\ H_2O]{(1)\ (CH_3)_2CuLi}$

480. 2-メチルオキシラン（CH_3 置換エポキシド） $\xrightarrow[(2)\ H_2O]{(1)\ (CH_3)_2CuLi}$

481. 2,2-ジメチルオキシラン（CH_3, CH_3 置換エポキシド） $\xrightarrow[(2)\ H_2O]{(1)\ (C_2H_5)_2CuLi}$

482. H_3C, CH_3, CH_3 置換エポキシド $\xrightarrow[(2)\ H_2O]{(1)\ (C_2H_5)_2CuLi}$

Hint：有機銅試薬のアルキル基が求核剤としてエポキシドを攻撃する．

94 Grignard 試薬の重水素化

目安時間 10 分

483. $CH_3-CH(Br)-CH_3 \xrightarrow[THF]{Mg}$ 　　　　 $\xrightarrow{D_2O}$

484. $CH_3-CH_2-CH_2-Br \xrightarrow[THF]{Mg}$ 　　　　 $\xrightarrow{D_2O}$

485. ブロモベンゼン（C_6H_5Br） $\xrightarrow[THF]{Mg}$ 　　　　 $\xrightarrow{D_2O}$

486. 臭化ベンジル（$C_6H_5CH_2Br$） $\xrightarrow[THF]{Mg}$ 　　　　 $\xrightarrow{D_2O}$

Hint：Grignard 試薬を重水で処理すると，酸塩基反応により重水素化された炭化水素ができる．

95 Grignard 試薬によるエポキシドの開環

目安時間  分

487. $CH_3-CH(Br)-CH_3 \xrightarrow[THF]{Mg}$ 　　　　 $\xrightarrow[(2)\ H_3O^+]{(1)\ \text{エチレンオキシド}}$

488. $CH_3-CH_2-CH_2-Br \xrightarrow[THF]{Mg}$ 　　　　 $\xrightarrow[(2)\ H_3O^+]{(1)\ \text{2-メチルオキシラン}(CH_3)}$

489. ブロモベンゼン（C_6H_5Br） $\xrightarrow[THF]{Mg}$ 　　　　 $\xrightarrow[(2)\ H_3O^+]{(1)\ \text{エチレンオキシド}}$

490. 臭化ベンジル（$C_6H_5CH_2Br$） $\xrightarrow[THF]{Mg}$ 　　　　 $\xrightarrow[(2)\ H_3O^+]{(1)\ \text{2,2-ジメチルオキシラン}(CH_3,\ CH_3)}$

Hint：Grignard 試薬のアルキル基もしくはアリール基が求核剤としてエポキシドを攻撃する．

カルボン酸誘導体の置換反応

実施日：　　月　　日

反応のポイント

カルボン酸誘導体（RCOX）を求核体（Nu^-）が攻撃して置換生成物（RCONu）が生成し，X^-が脱離する．基質の置換基 X もしくは Nu の種類によって，塩化アシル（酸塩化物），カルボン酸，エステル，酸無水物，アミドなどに分類されるが，基本の考え方は同じである．

$$R-\overset{\overset{O}{\|}}{C}-X + Nu^- \longrightarrow R-\overset{\overset{O}{\|}}{C}-Nu + X^-$$

この章では X が脱離できる置換基の場合を考える（次章では X が脱離できない場合の反応を学ぶ）．どのカルボン酸誘導体では，このような反応が起こるかを区別できるようになろう．

脱離できる置換基 X

$$R-\overset{\overset{O}{\|}}{C}-X \xrightarrow{Nu^-} R-\overset{\overset{O^-}{|}}{\underset{\underset{Nu}{|}}{C}}-X \longrightarrow R-\overset{\overset{O}{\|}}{C}-Nu + X^-$$

カルボン酸誘導体のカルボニル基に求核体が攻撃する．その結果，中心に sp^3 炭素をもつ四面体中間体が生成する（この中間体は常に意識しよう）．続いて，置換基 X が脱離できるかどうかを考える．X が脱離できるならカルボニル基が再生する．結果として，X と Nu が置き換わった生成物が得られる．

A. Gabriel 合成

塩基性条件下でハロゲン化アルキルとフタルイミドを反応させ，窒素原子をアルキル化する．このイミドを加水分解して第一級アミンを得る．これは第一級アミンを選択的に得る方法として重要である．

$$R-Br \xrightarrow[OH^-]{\text{フタルイミド}} \text{(フタルイミド)}N-R \xrightarrow{H^+/H_2O} H_2N-R$$

B. ニトリルの加水分解

ハロゲン化アルキルとシアン化物イオンを反応させるとニトリルが得られる．ニトリルを加水分解するとカルボン酸が得られる．

$$R-Br \xrightarrow{CN^-} R-CN \xrightarrow{H^+/H_2O} R-COOH$$

C. カルボン酸の酸塩化物への変換

酸塩化物は多くの求核剤と容易に反応するため，重要な化合物である．カルボン酸を，塩化チオニルもしくは三塩化リンで処理すると酸塩化物が得られる．

$$R-\overset{\overset{O}{\|}}{C}-OH \xrightarrow{SOCl_2} R-\overset{\overset{O}{\|}}{C}-Cl \xrightarrow{Nu^-} R-\overset{\overset{O}{\|}}{C}-Nu + Cl^-$$

$$R-\overset{\overset{O}{\|}}{C}-OH \xrightarrow{PCl_3} R-\overset{\overset{O}{\|}}{C}-Cl \xrightarrow{Nu^-} R-\overset{\overset{O}{\|}}{C}-Nu + Cl^-$$

96 酸塩化物の置換反応

目安時間 10 分

491. $CH_3-C(=O)-Cl \xrightarrow{H_2O}$

492. $CH_3-C(=O)-Cl \xrightarrow{CH_3OH}$

493. $CH_3-C(=O)-Cl \xrightarrow{2CH_3NH_2}$

494. $C_2H_5-C(=O)-Cl \xrightarrow{H_2O}$

495. $C_2H_5-C(=O)-Cl \xrightarrow{C_2H_5OH}$

496. $C_2H_5-C(=O)-Cl \xrightarrow{2CH_3NH_2}$

497. $Ph-C(=O)-Cl \xrightarrow{H_2O}$

498. $Ph-C(=O)-Cl \xrightarrow{C_2H_5OH}$

499. $Ph-C(=O)-Cl \xrightarrow{2CH_3NH_2}$

97 エステルの置換反応

目安時間 10 分

500. $CH_3-C(=O)-OCH_3 \xrightarrow[H^+]{H_2O}$

501. $CH_3-C(=O)-OCH_3 \xrightarrow[H^+]{C_2H_5OH}$

502. $CH_3-C(=O)-OCH_3 \xrightarrow{CH_3NH_2}$

503. $C_2H_5-C(=O)-OC_2H_5 \xrightarrow[H^+]{H_2O}$

504. $C_2H_5-C(=O)-OC_2H_5 \xrightarrow[H^+]{CH_3OH}$

505. $C_2H_5-\overset{\overset{\large O}{\|}}{C}-OC_2H_5 \xrightarrow{C_2H_5NH_2}$

506. $Ph-\overset{\overset{\large O}{\|}}{C}-OCH_3 \xrightarrow[H^+]{H_2O}$

507. $Ph-\overset{\overset{\large O}{\|}}{C}-OCH_3 \xrightarrow[H^+]{C_2H_5OH}$

508. $Ph-\overset{\overset{\large O}{\|}}{C}-OCH_3 \xrightarrow{CH_3NH_2}$

! *Hint*：アルコキシ基が求核体と置き換わる.

98 Gabriel 合成

目安時間  分

509. $CH_3-CH_2-CH_2-Br \xrightarrow[OH^-]{}$ 　　　　$\xrightarrow{H^+/H_2O}$

510. $CH_3-\overset{\overset{\large Br}{|}}{CH}-CH_2 \xrightarrow[OH^-]{}$ 　　　　$\xrightarrow{H^+/H_2O}$

511. $CH_3-\overset{\overset{\large CH_3}{|}}{CH}-CH_2-Br \xrightarrow[OH^-]{}$ 　　　　$\xrightarrow{H^+/H_2O}$

512. $Ph-CH_2-CH_2-Br \xrightarrow[OH^-]{}$ 　　　　$\xrightarrow{H^+/H_2O}$

! *Hint*：フタルイミドの窒素原子をアルキル化してから加水分解して，第1級アミンが生成する.

99 カルボン酸の置換反応

  分

513. $CH_3-\overset{\overset{\large O}{\|}}{C}-OH \xrightarrow[H^+]{CH_3OH}$

514. $CH_3-\overset{\overset{\large O}{\|}}{C}-OH \xrightarrow[H^+]{C_2H_5OH}$

515. $CH_3-\overset{\overset{\large O}{\|}}{C}-OH \xrightarrow[\Delta]{CH_3NH_2}$

516. $C_2H_5-\overset{\overset{\large O}{\|}}{C}-OH \xrightarrow[H^+]{CH_3OH}$

517. $C_2H_5-\overset{\overset{\displaystyle O}{\|}}{C}-OH \xrightarrow[H^+]{C_2H_5OH}$

518. $C_2H_5-\overset{\overset{\displaystyle O}{\|}}{C}-OH \xrightarrow[\Delta]{CH_3NH_2}$

519. $Ph-\overset{\overset{\displaystyle O}{\|}}{C}-OH \xrightarrow[H^+]{CH_3OH}$

520. $Ph-\overset{\overset{\displaystyle O}{\|}}{C}-OH \xrightarrow[H^+]{C_2H_5OH}$

521. $Ph-\overset{\overset{\displaystyle O}{\|}}{C}-OH \xrightarrow[\Delta]{CH_3NH_2}$

! *Hint*：ヒドロキシ基が求核体と置き換わる．

100 ハロゲン化アルキルのシアノ化，加水分解

目安時間  分

522. $CH_3-CH_2-CH_2-Br \xrightarrow{CN^-} \qquad \xrightarrow[H^+]{H_2O}$

523. $CH_3-\underset{}{\overset{\overset{\displaystyle Br}{|}}{CH}}-CH_3 \xrightarrow{CN^-} \qquad \xrightarrow[H^+]{H_2O}$

524. $CH_3-\overset{\overset{\displaystyle CH_3}{|}}{CH}-CH_2-Br \xrightarrow{CN^-} \qquad \xrightarrow[H^+]{H_2O}$

525. $Ph-CH_2-CH_2-Br \xrightarrow{CN^-} \qquad \xrightarrow[H^+]{H_2O}$

526. $Ph-CH_2-Br \xrightarrow{CN^-} \qquad \xrightarrow[H^+]{H_2O}$

527. $CH_3-\underset{\underset{\displaystyle CH_3}{|}}{\overset{\overset{\displaystyle CH_3}{|}}{C}}-CH_2-Br \xrightarrow{CN^-} \qquad \xrightarrow[H^+]{H_2O}$

528. (ブロモシクロヘキサン) $\xrightarrow{CN^-} \qquad \xrightarrow[H^+]{H_2O}$

! *Hint*：シアン化物イオンとの置換反応でニトリルが生成する．これを加水分解するとカルボン酸が生成する．

101 塩化チオニルによるカルボン酸の変換，さらに求核置換反応（1）

目安時間  分

529. $CH_3-\overset{\overset{\displaystyle O}{\|}}{C}-OH \xrightarrow{SOCl_2} \qquad \xrightarrow{CH_3OH}$

530. $CH_3-C(=O)-OH \xrightarrow{SOCl_2} \qquad\qquad \xrightarrow{CH_3COO^-}$

531. $C_2H_5-C(=O)-OH \xrightarrow{SOCl_2} \qquad\qquad \xrightarrow{CH_3OH}$

532. $C_2H_5-C(=O)-OH \xrightarrow{SOCl_2} \qquad\qquad \xrightarrow{CH_3COO^-}$

Hint：まず，塩化チオニルによってカルボン酸が酸塩化物に変換される．この酸塩化物は種々の求核体と容易に置換反応を起こす．

102 塩化チオニルによるカルボン酸の変換，さらに求核置換反応（2）

目安時間 10 分

533. $(CH_3)_2CH-C(=O)-OH \xrightarrow{SOCl_2} \qquad\qquad \xrightarrow{CH_3OH}$

534. $(CH_3)_2CH-C(=O)-OH \xrightarrow{SOCl_2} \qquad\qquad \xrightarrow{CH_3COO^-}$

535. $Ph-C(=O)-OH \xrightarrow{SOCl_2} \qquad\qquad \xrightarrow{CH_3OH}$

536. $Ph-C(=O)-OH \xrightarrow{SOCl_2} \qquad\qquad \xrightarrow{CH_3COO^-}$

Hint：まず，塩化チオニルによってカルボン酸が酸塩化物に変換される．この酸塩化物は種々の求核体と容易に置換反応を起こす．

103 三塩化リンによるカルボン酸の変換，さらに求核置換反応（1）

目安時間  分

537. $CH_3-C(=O)-OH \xrightarrow{PCl_3} \qquad\qquad \xrightarrow{CH_3OH}$

538. $CH_3-C(=O)-OH \xrightarrow{PCl_3} \qquad\qquad \xrightarrow{CH_3COO^-}$

539. $C_2H_5-C(=O)-OH \xrightarrow{PCl_3} \qquad\qquad \xrightarrow{CH_3OH}$

540. $C_2H_5-C(=O)-OH \xrightarrow{PCl_3} \qquad\qquad \xrightarrow{CH_3COO^-}$

Hint：まず，三塩化リンによってカルボン酸が酸塩化物に変換される．この酸塩化物は種々の求核体と容易に置換反応を起こす．

104 三塩化リンによるカルボン酸の変換，さらに求核置換反応（2）

  分

541. $(CH_3)_2CH-C(=O)-OH \xrightarrow{PCl_3} \qquad\qquad \xrightarrow{CH_3OH}$

542.

$$\mathrm{(CH_3)_2CH-\overset{\overset{\large O}{\|}}{C}-OH} \xrightarrow{PCl_3} \qquad \xrightarrow{CH_3COO^-}$$

543.

$$\mathrm{Ph-\overset{\overset{\large O}{\|}}{C}-OH} \xrightarrow{PCl_3} \qquad \xrightarrow{CH_3OH}$$

544.

$$\mathrm{Ph-\overset{\overset{\large O}{\|}}{C}-OH} \xrightarrow{PCl_3} \qquad \xrightarrow{CH_3COO^-}$$

! *Hint*：まず，三塩化リンによってカルボン酸が酸塩化物に変換される．この酸塩化物は種々の求核体と容易に置換反応を起こす．

カルボン酸誘導体への付加反応

実施日：　　月　　日

反応のポイント

アルデヒドもしくはケトンの場合，求核体（Nu^-）が攻撃し，プロトン化などを経て，付加生成物が生成する．6章で学んだ取れやすい脱離基をもつカルボニル化合物との違いを理解しよう．本章では求核剤として Grignard 試薬（RMgX）やヒドリド還元剤（$LiAlH_4$，$NaBH_4$）が登場するが，考え方は今までと同じである．

$$R-C(=O)-R' + Nu^- \xrightarrow[\text{付加反応}]{} R-C(O^-)(Nu)-R' \xrightarrow{H^+} R-C(OH)(Nu)-R'$$

一方，6章でも出てきたカルボン酸誘導体に Grignard 試薬やヒドリド還元剤を作用させると二段階で反応が起こる．

$$R-C(=O)-X \xrightarrow[\text{置換反応}]{Nu^-} R-C(=O)-Nu \xrightarrow[\text{付加反応}]{Nu^-} R-C(O^-)(Nu)-Nu \xrightarrow{H^+} R-C(OH)(Nu)-Nu$$

A. イミン，エナミンの生成

アルデヒドもしくはケトンは第一級アミンの求核攻撃を受け，さらに脱水を経て，炭素-窒素二重結合をもつイミンを生成する．第二級アミンとの反応では炭素-炭素二重結合をもつエナミンが生成する．

$$R-C(=O)-R' + R''NH_2 \longrightarrow R-C(=N-R'')-R'$$

$$R-C(=O)-CH_2R' + R''_2NH \longrightarrow R-C(NR''_2)=CHR'$$

B. アセタール，チオアセタールの生成

アルデヒドもしくはケトンは，アルコール2分子と反応し，アセタールを生成する．同様に，チオールとの反応ではチオアセタールを生成する．

$$R-C(=O)-R' + 2R''OH \longrightarrow R-C(OR'')_2-R'$$

$$R-C(=O)-R' + 2R''SH \longrightarrow R-C(SR'')_2-R'$$

C. 共役付加

α,β-不飽和アルデヒドまたはα,β-不飽和ケトンと求核剤との反応では，今まで見てきたカルボニル基への付加（直接付加）だけでなく，共役付加が起こることがある．どちらが優先するかは，出発物質の構造，求核剤の種類に依存する．

$$R-CH=CH-C(=O)-R'$$

$$\xrightarrow{1)\ Nu^-,\ 2)\ H^+} R-CH=CH-C(OH)(Nu)-R' \quad \text{直接付加}$$

$$\xrightarrow{1)\ Nu^-,\ 2)\ H^+} R-CH(Nu)-CH(H)-C(=O)-R' \quad \text{共役付加}$$

105 アルデヒドと Grignard 試薬の反応

目安時間 10 分

545. $H-\overset{\overset{\displaystyle O}{\|}}{C}-H \xrightarrow[\text{2) } H^+/H_2O]{\text{1) } CH_3MgBr}$

546. $CH_3-\overset{\overset{\displaystyle O}{\|}}{C}-H \xrightarrow[\text{2) } H^+/H_2O]{\text{1) } CH_3MgBr}$

547. $C_2H_5-\overset{\overset{\displaystyle O}{\|}}{C}-H \xrightarrow[\text{2) } H^+/H_2O]{\text{1) } CH_3MgBr}$

548. $(CH_3)_2CH-\overset{\overset{\displaystyle O}{\|}}{C}-H \xrightarrow[\text{2) } H^+/H_2O]{\text{1) } CH_3MgBr}$

549. $H-\overset{\overset{\displaystyle O}{\|}}{C}-H \xrightarrow[\text{2) } H^+/H_2O]{\text{1) } C_2H_5MgBr}$

550. $CH_3-\overset{\overset{\displaystyle O}{\|}}{C}-H \xrightarrow[\text{2) } H^+/H_2O]{\text{1) } C_2H_5MgBr}$

551. $C_2H_5-\overset{\overset{\displaystyle O}{\|}}{C}-H \xrightarrow[\text{2) } H^+/H_2O]{\text{1) } C_2H_5MgBr}$

552. $(CH_3)_2CH-\overset{\overset{\displaystyle O}{\|}}{C}-H \xrightarrow[\text{2) } H^+/H_2O]{\text{1) } C_2H_5MgBr}$

! *Hint*：Grignard 試薬がカルボニル基を攻撃し，アルコールが生成する．

106 ケトンと Grignard 試薬の反応（1）

目安時間  分

553. $CH_3-\overset{\overset{\displaystyle O}{\|}}{C}-CH_3 \xrightarrow[\text{2) } H^+/H_2O]{\text{1) } CH_3MgBr}$

554. $CH_3-\overset{\overset{\displaystyle O}{\|}}{C}-C_2H_5 \xrightarrow[\text{2) } H^+/H_2O]{\text{1) } CH_3MgBr}$

555. $C_2H_5-\overset{\overset{\displaystyle O}{\|}}{C}-C_2H_5 \xrightarrow[\text{2) } H^+/H_2O]{\text{1) } CH_3MgBr}$

556. $(CH_3)_2CH-\overset{\overset{\displaystyle O}{\|}}{C}-CH(CH_3)_2 \xrightarrow[\text{2) } H^+/H_2O]{\text{1) } CH_3MgBr}$

557. $CH_3-\overset{\overset{\displaystyle O}{\|}}{C}-CH_3 \xrightarrow[\text{2) } H^+/H_2O]{\text{1) } C_2H_5MgBr}$

558. $CH_3-\overset{\overset{\displaystyle O}{\|}}{C}-C_2H_5 \xrightarrow[\text{2) } H^+/H_2O]{\text{1) } C_2H_5MgBr}$

559.

$$C_2H_5-\overset{\overset{\large O}{\|}}{C}-C_2H_5 \xrightarrow[2)\ H^+/H_2O]{1)\ C_2H_5MgBr}$$

560.

$$(CH_3)_2CH-\overset{\overset{\large O}{\|}}{C}-CH(CH_3)_2 \xrightarrow[2)\ H^+/H_2O]{1)\ C_2H_5MgBr}$$

Hint：Grignard 試薬がカルボニル基を攻撃し，アルコールが生成する．

107 ケトンと Grignard 試薬の反応（2）

目安時間  分

561.

$$Ph-\overset{\overset{\large O}{\|}}{C}-CH_3 \xrightarrow[2)\ H^+/H_2O]{1)\ CH_3MgBr}$$

562.

$$Ph-\overset{\overset{\large O}{\|}}{C}-C_2H_5 \xrightarrow[2)\ H^+/H_2O]{1)\ CH_3MgBr}$$

563.

$$Ph-\overset{\overset{\large O}{\|}}{C}-Ph \xrightarrow[2)\ H^+/H_2O]{1)\ CH_3MgBr}$$

564.

$$Ph-\overset{\overset{\large O}{\|}}{C}-CH(CH_3)_2 \xrightarrow[2)\ H^+/H_2O]{1)\ CH_3MgBr}$$

565.

$$Ph-\overset{\overset{\large O}{\|}}{C}-CH_3 \xrightarrow[2)\ H^+/H_2O]{1)\ C_2H_5MgBr}$$

566.

$$Ph-\overset{\overset{\large O}{\|}}{C}-C_2H_5 \xrightarrow[2)\ H^+/H_2O]{1)\ C_2H_5MgBr}$$

567.

$$Ph-\overset{\overset{\large O}{\|}}{C}-Ph \xrightarrow[2)\ H^+/H_2O]{1)\ C_2H_5MgBr}$$

568.

$$Ph-\overset{\overset{\large O}{\|}}{C}-CH(CH_3)_2 \xrightarrow[2)\ H^+/H_2O]{1)\ C_2H_5MgBr}$$

Hint：Grignard 試薬がカルボニル基を攻撃し，アルコールが生成する．

108 酸塩化物と Grignard 試薬の反応

目安時間  分

569.

$$H-\overset{\overset{\large O}{\|}}{C}-Cl \xrightarrow[2)\ H^+/H_2O]{1)\ 2CH_3MgBr}$$

570.

$$CH_3-\overset{\overset{\large O}{\|}}{C}-Cl \xrightarrow[2)\ H^+/H_2O]{1)\ 2CH_3MgBr}$$

571.

$$C_2H_5-\overset{\overset{\large O}{\|}}{C}-Cl \xrightarrow[2)\ H^+/H_2O]{1)\ 2CH_3MgBr}$$

572. $(CH_3)_2CH-\overset{\overset{\Large O}{\|}}{C}-Cl \xrightarrow[2)\ H^+/H_2O]{1)\ 2CH_3MgBr}$

573. $H-\overset{\overset{\Large O}{\|}}{C}-Cl \xrightarrow[2)\ H^+/H_2O]{1)\ 2C_2H_5MgBr}$

574. $CH_3-\overset{\overset{\Large O}{\|}}{C}-Cl \xrightarrow[2)\ H^+/H_2O]{1)\ 2C_2H_5MgBr}$

575. $C_2H_5-\overset{\overset{\Large O}{\|}}{C}-Cl \xrightarrow[2)\ H^+/H_2O]{1)\ 2C_2H_5MgBr}$

576. $(CH_3)_2CH-\overset{\overset{\Large O}{\|}}{C}-Cl \xrightarrow[2)\ H^+/H_2O]{1)\ 2C_2H_5MgBr}$

! *Hint*：Grignard 試薬がカルボニル基を攻撃し，得られた生成物にもう一度 Grignard 試薬が付加する．

109 エステルと Grignard 試薬の反応

目安時間  分

577. $H-\overset{\overset{\Large O}{\|}}{C}-OCH_3 \xrightarrow[2)\ H^+/H_2O]{1)\ 2CH_3MgBr}$

578. $CH_3-\overset{\overset{\Large O}{\|}}{C}-OCH_3 \xrightarrow[2)\ H^+/H_2O]{1)\ 2CH_3MgBr}$

579. $C_2H_5-\overset{\overset{\Large O}{\|}}{C}-OCH_3 \xrightarrow[2)\ H^+/H_2O]{1)\ 2CH_3MgBr}$

580. $(CH_3)_2CH-\overset{\overset{\Large O}{\|}}{C}-OCH_3 \xrightarrow[2)\ H^+/H_2O]{1)\ 2CH_3MgBr}$

581. $H-\overset{\overset{\Large O}{\|}}{C}-OCH_3 \xrightarrow[2)\ H^+/H_2O]{1)\ 2C_2H_5MgBr}$

582. $CH_3-\overset{\overset{\Large O}{\|}}{C}-OCH_3 \xrightarrow[2)\ H^+/H_2O]{1)\ 2C_2H_5MgBr}$

583. $C_2H_5-\overset{\overset{\Large O}{\|}}{C}-OCH_3 \xrightarrow[2)\ H^+/H_2O]{1)\ 2C_2H_5MgBr}$

584. $(CH_3)_2CH-\overset{\overset{\Large O}{\|}}{C}-OCH_3 \xrightarrow[2)\ H^+/H_2O]{1)\ 2C_2H_5MgBr}$

! *Hint*：Grignard 試薬がカルボニル基を攻撃し，得られた生成物にもう一度 Grignard 試薬が付加する．

110　二酸化炭素と Grignard 試薬の反応

目安時間 10 分

585. $CO_2 \xrightarrow[\text{2) } H^+/H_2O]{\text{1) } CH_3MgBr}$

586. $CO_2 \xrightarrow[\text{2) } H^+/H_2O]{\text{1) } CD_3MgBr}$

587. $CO_2 \xrightarrow[\text{2) } H^+/H_2O]{\text{1) } C_2H_5MgBr}$

588. $CO_2 \xrightarrow[\text{2) } H^+/H_2O]{\text{1) } CH_3CH_2CH_2MgBr}$

589. $CO_2 \xrightarrow[\text{2) } H^+/H_2O]{\text{1) } PhMgBr}$

590. $CO_2 \xrightarrow[\text{2) } H^+/H_2O]{\text{1) } PhCH_2MgBr}$

591. $CO_2 \xrightarrow[\text{2) } H^+/H_2O]{\text{1) } PhCH_2CH_2MgBr}$

592. $CO_2 \xrightarrow[\text{2) } H^+/H_2O]{\text{1) } (CH_3)_2CHMgBr}$

! *Hint*：Grignard 試薬がカルボニル基を攻撃し，カルボン酸が生成する．

111　ニトリルと Grignard 試薬の反応

分

593. $CH_3CN \xrightarrow[\text{2) } H^+/H_2O]{\text{1) } CH_3MgBr}$

594. $CH_3CN \xrightarrow[\text{2) } H^+/H_2O]{\text{1) } CD_3MgBr}$

595. $CH_3CN \xrightarrow[\text{2) } H^+/H_2O]{\text{1) } C_2H_5MgBr}$

596. $CH_3CN \xrightarrow[\text{2) } H^+/H_2O]{\text{1) } CH_3CH_2CH_2MgBr}$

597. $CH_3CN \xrightarrow[\text{2) } H^+/H_2O]{\text{1) } PhMgBr}$

598. $CH_3CN \xrightarrow[\text{2) } H^+/H_2O]{\text{1) } PhCH_2MgBr}$

599. $CH_3CN \xrightarrow[\text{2) } H^+/H_2O]{\text{1) } PhCH_2CH_2MgBr}$

600. $CH_3CN \xrightarrow[\text{2) } H^+/H_2O]{\text{1) } (CH_3)_2CHMgBr}$

! *Hint*：Grignard 試薬がシアノ基の炭素原子を攻撃し，ケトンが生成する．

112　炭酸ジメチルと Grignard 試薬の反応

目安時間

分

601. $H_3CO-\overset{\overset{\large O}{\|}}{C}-OCH_3 \xrightarrow[\text{2) } H^+/H_2O]{\text{1) } 3CH_3MgBr}$

602. $H_3CO-\overset{\displaystyle O}{\overset{\|}{C}}-OCH_3 \xrightarrow[2)\ H^+/H_2O]{1)\ 3CD_3MgBr}$

603. $H_3CO-\overset{\displaystyle O}{\overset{\|}{C}}-OCH_3 \xrightarrow[2)\ H^+/H_2O]{1)\ 3C_2H_5MgBr}$

604. $H_3CO-\overset{\displaystyle O}{\overset{\|}{C}}-OCH_3 \xrightarrow[2)\ H^+/H_2O]{1)\ 3CH_3CH_2CH_2MgBr}$

605. $H_3CO-\overset{\displaystyle O}{\overset{\|}{C}}-OCH_3 \xrightarrow[2)\ H^+/H_2O]{1)\ 3PhMgBr}$

606. $H_3CO-\overset{\displaystyle O}{\overset{\|}{C}}-OCH_3 \xrightarrow[2)\ H^+/H_2O]{1)\ 3PhCH_2MgBr}$

607. $H_3CO-\overset{\displaystyle O}{\overset{\|}{C}}-OCH_3 \xrightarrow[2)\ H^+/H_2O]{1)\ 3PhCH_2CH_2MgBr}$

608. $H_3CO-\overset{\displaystyle O}{\overset{\|}{C}}-OCH_3 \xrightarrow[2)\ H^+/H_2O]{1)\ 3(CH_3)_2CHMgBr}$

Hint：Grignard 試薬が三段階で付加し，最終的にアルコールが生成する．

113 ホスゲンと Grignard 試薬の反応

目安時間  分

609. $Cl-\overset{\displaystyle O}{\overset{\|}{C}}-Cl \xrightarrow[2)\ H^+/H_2O]{1)\ 3CH_3MgBr}$

610. $Cl-\overset{\displaystyle O}{\overset{\|}{C}}-Cl \xrightarrow[2)\ H^+/H_2O]{1)\ 3CD_3MgBr}$

611. $Cl-\overset{\displaystyle O}{\overset{\|}{C}}-Cl \xrightarrow[2)\ H^+/H_2O]{1)\ 3C_2H_5MgBr}$

612. $Cl-\overset{\displaystyle O}{\overset{\|}{C}}-Cl \xrightarrow[2)\ H^+/H_2O]{1)\ 3CH_3CH_2CH_2MgBr}$

613. $Cl-\overset{\displaystyle O}{\overset{\|}{C}}-Cl \xrightarrow[2)\ H^+/H_2O]{1)\ 3PhMgBr}$

614. $Cl-\overset{\displaystyle O}{\overset{\|}{C}}-Cl \xrightarrow[2)\ H^+/H_2O]{1)\ 3PhCH_2MgBr}$

615. $Cl-\overset{\displaystyle O}{\overset{\|}{C}}-Cl \xrightarrow[2)\ H^+/H_2O]{1)\ 3PhCH_2CH_2MgBr}$

616. $Cl-\overset{\displaystyle O}{\overset{\|}{C}}-Cl \xrightarrow[2)\ H^+/H_2O]{1)\ 3(CH_3)_2CHMgBr}$

Hint：Grignard 試薬が三段階で付加し，最終的にアルコールが生成する．

114 重水と Grignard 試薬の反応　　目安時間 5 分

617. $D_2O \xrightarrow{CH_3MgBr}$

618. $D_2O \xrightarrow{CD_3MgBr}$

619. $D_2O \xrightarrow{C_2H_5MgBr}$

620. $D_2O \xrightarrow{CH_3CH_2CH_2MgBr}$

621. $D_2O \xrightarrow{PhMgBr}$

622. $D_2O \xrightarrow{PhCH_2MgBr}$

623. $D_2O \xrightarrow{PhCH_2CH_2MgBr}$

624. $D_2O \xrightarrow{(CH_3)_2CHMgBr}$

Hint：Grignard 試薬が塩基として働き，重水の水素原子を引き抜く

115 アルデヒドと $NaBH_4$ の反応　　目安時間

分

625. $H-C(=O)-H \xrightarrow[2)\ H^+/H_2O]{1)\ NaBH_4}$

626. $CH_3-C(=O)-H \xrightarrow[2)\ H^+/H_2O]{1)\ NaBH_4}$

627. $C_2H_5-C(=O)-H \xrightarrow[2)\ H^+/H_2O]{1)\ NaBH_4}$

628. $(CH_3)_2CH-C(=O)-H \xrightarrow[2)\ H^+/H_2O]{1)\ NaBH_4}$

629. $Ph-C(=O)-H \xrightarrow[2)\ H^+/H_2O]{1)\ NaBH_4}$

630. $PhCH_2-C(=O)-H \xrightarrow[2)\ H^+/H_2O]{1)\ NaBH_4}$

631. $CH_3CH_2CH_2-C(=O)-H \xrightarrow[2)\ H^+/H_2O]{1)\ NaBH_4}$

632. $PhCH_2CH_2-C(=O)-H \xrightarrow[2)\ H^+/H_2O]{1)\ NaBH_4}$

Hint：ヒドリドイオンがカルボニル基を攻撃し，アルコールが生成する．

116 アルデヒドと $LiAlH_4$ の反応

目安時間 10 分

633. $H-\overset{\overset{\displaystyle O}{\|}}{C}-H \xrightarrow[2)\ H^+/H_2O]{1)\ LiAlH_4}$

634. $CH_3-\overset{\overset{\displaystyle O}{\|}}{C}-H \xrightarrow[2)\ H^+/H_2O]{1)\ LiAlH_4}$

635. $C_2H_5-\overset{\overset{\displaystyle O}{\|}}{C}-H \xrightarrow[2)\ H^+/H_2O]{1)\ LiAlH_4}$

636. $(CH_3)_2CH-\overset{\overset{\displaystyle O}{\|}}{C}-H \xrightarrow[2)\ H^+/H_2O]{1)\ LiAlH_4}$

637. $Ph-\overset{\overset{\displaystyle O}{\|}}{C}-H \xrightarrow[2)\ H^+/H_2O]{1)\ LiAlH_4}$

638. $PhCH_2-\overset{\overset{\displaystyle O}{\|}}{C}-H \xrightarrow[2)\ H^+/H_2O]{1)\ LiAlH_4}$

639. $CH_3CH_2CH_2-\overset{\overset{\displaystyle O}{\|}}{C}-H \xrightarrow[2)\ H^+/H_2O]{1)\ LiAlH_4}$

640. $PhCH_2CH_2-\overset{\overset{\displaystyle O}{\|}}{C}-H \xrightarrow[2)\ H^+/H_2O]{1)\ LiAlH_4}$

! *Hint*：ヒドリドイオンがカルボニル基を攻撃し，アルコールが生成する．

117 ケトンと $NaBH_4$ の反応（1）

分

641. $CH_3-\overset{\overset{\displaystyle O}{\|}}{C}-CH_3 \xrightarrow[2)\ H^+/H_2O]{1)\ NaBH_4}$

642. $CH_3-\overset{\overset{\displaystyle O}{\|}}{C}-C_2H_5 \xrightarrow[2)\ H^+/H_2O]{1)\ NaBH_4}$

643. $C_2H_5-\overset{\overset{\displaystyle O}{\|}}{C}-C_2H_5 \xrightarrow[2)\ H^+/H_2O]{1)\ NaBH_4}$

644. $(CH_3)_2CH-\overset{\overset{\displaystyle O}{\|}}{C}-CH(CH_3)_2 \xrightarrow[2)\ H^+/H_2O]{1)\ NaBH_4}$

645. $Ph-\overset{\overset{\displaystyle O}{\|}}{C}-CH_3 \xrightarrow[2)\ H^+/H_2O]{1)\ NaBH_4}$

646. $Ph-\overset{\overset{\displaystyle O}{\|}}{C}-C_2H_5 \xrightarrow[2)\ H^+/H_2O]{1)\ NaBH_4}$

647. Ph—C(=O)—$CH_2CH_2CH_3$ $\xrightarrow[\text{2) } H^+/H_2O]{\text{1) } NaBH_4}$

648. Ph—C(=O)—$CH(CH_3)_2$ $\xrightarrow[\text{2) } H^+/H_2O]{\text{1) } NaBH_4}$

Hint：ヒドリドイオンがカルボニル基を攻撃し，アルコールが生成する．

118 ケトンと $NaBH_4$ の反応（2）

649. O $\xrightarrow[\text{2) } H^+/H_2O]{\text{1) } NaBH_4}$

650. O, CH_3 $\xrightarrow[\text{2) } H^+/H_2O]{\text{1) } NaBH_4}$

651. H_3C, O, CH_3 $\xrightarrow[\text{2) } H^+/H_2O]{\text{1) } NaBH_4}$

652. O $\xrightarrow[\text{2) } H^+/H_2O]{\text{1) } NaBH_4}$

653. O, CH_3 $\xrightarrow[\text{2) } H^+/H_2O]{\text{1) } NaBH_4}$

654. O, CH_2CH_3 $\xrightarrow[\text{2) } H^+/H_2O]{\text{1) } NaBH_4}$

655. H_3C, O, CH_3 $\xrightarrow[\text{2) } H^+/H_2O]{\text{1) } NaBH_4}$

656. O $\xrightarrow[\text{2) } H^+/H_2O]{\text{1) } NaBH_4}$

657. O $\xrightarrow[\text{2) } H^+/H_2O]{\text{1) } NaBH_4}$

Hint：ヒドリドイオンがカルボニル基を攻撃し，アルコールが生成する．

119 ケトンと $LiAlH_4$ の反応

目安時間   分

658. CH_3—C(=O)—CH_3 $\xrightarrow[\text{2) } H^+/H_2O]{\text{1) } LiAlH_4}$

659. $CH_3-\overset{O}{\overset{\|}{C}}-C_2H_5 \xrightarrow[\text{2) } H^+/H_2O]{\text{1) LiAlH}_4}$

660. $C_2H_5-\overset{O}{\overset{\|}{C}}-C_2H_5 \xrightarrow[\text{2) } H^+/H_2O]{\text{1) LiAlH}_4}$

661. $(CH_3)_2CH-\overset{O}{\overset{\|}{C}}-CH(CH_3)_2 \xrightarrow[\text{2) } H^+/H_2O]{\text{1) LiAlH}_4}$

662. $Ph-\overset{O}{\overset{\|}{C}}-CH_3 \xrightarrow[\text{2) } H^+/H_2O]{\text{1) LiAlH}_4}$

663. $Ph-\overset{O}{\overset{\|}{C}}-C_2H_5 \xrightarrow[\text{2) } H^+/H_2O]{\text{1) LiAlH}_4}$

664. $Ph-\overset{O}{\overset{\|}{C}}-CH_2CH_2CH_3 \xrightarrow[\text{2) } H^+/H_2O]{\text{1) LiAlH}_4}$

665. $Ph-\overset{O}{\overset{\|}{C}}-CH(CH_3)_2 \xrightarrow[\text{2) } H^+/H_2O]{\text{1) LiAlH}_4}$

! *Hint*：ヒドリドイオンがカルボニル基を攻撃し，アルコールが生成する．

120 酸塩化物と $LiAlH_4$ の反応

目安時間  分

666. $CH_3-\overset{O}{\overset{\|}{C}}-Cl \xrightarrow[\text{2) } H^+/H_2O]{\text{1) 2LiAlH}_4}$

667. $CD_3-\overset{O}{\overset{\|}{C}}-Cl \xrightarrow[\text{2) } H^+/H_2O]{\text{1) 2LiAlH}_4}$

668. $CH_3CH_2-\overset{O}{\overset{\|}{C}}-Cl \xrightarrow[\text{2) } H^+/H_2O]{\text{1) 2LiAlH}_4}$

669. $CH_3CH_2CH_2-\overset{O}{\overset{\|}{C}}-Cl \xrightarrow[\text{2) } H^+/H_2O]{\text{1) 2LiAlH}_4}$

670. $Ph-\overset{O}{\overset{\|}{C}}-Cl \xrightarrow[\text{2) } H^+/H_2O]{\text{1) 2LiAlH}_4}$

671. $PhCH_2-\overset{O}{\overset{\|}{C}}-Cl \xrightarrow[\text{2) } H^+/H_2O]{\text{1) 2LiAlH}_4}$

672. $PhCH_2CH_2-\overset{O}{\overset{\|}{C}}-Cl \xrightarrow[\text{2) } H^+/H_2O]{\text{1) 2LiAlH}_4}$

673. $(CH_3)_2CH-\overset{O}{\overset{\|}{C}}-Cl \xrightarrow[\text{2) } H^+/H_2O]{\text{1) 2LiAlH}_4}$

! *Hint*：ヒドリドイオンがカルボニル基を攻撃し，得られた生成物にもう一度ヒドリドイオンが付加する．

121 エステルと $LiAlH_4$ の反応

目安時間 10 分

674. $CH_3-C(=O)-OCH_3 \xrightarrow[\text{2) } H^+/H_2O]{\text{1) } 2LiAlH_4}$

675. $CD_3-C(=O)-OCH_3 \xrightarrow[\text{2) } H^+/H_2O]{\text{1) } 2LiAlH_4}$

676. $CH_3CH_2-C(=O)-OCH_3 \xrightarrow[\text{2) } H^+/H_2O]{\text{1) } 2LiAlH_4}$

677. $CH_3CH_2CH_2-C(=O)-OCH_3 \xrightarrow[\text{2) } H^+/H_2O]{\text{1) } 2LiAlH_4}$

678. $Ph-C(=O)-OCH_3 \xrightarrow[\text{2) } H^+/H_2O]{\text{1) } 2LiAlH_4}$

679. $PhCH_2-C(=O)-OCH_3 \xrightarrow[\text{2) } H^+/H_2O]{\text{1) } 2LiAlH_4}$

680. $PhCH_2CH_2-C(=O)-OCH_3 \xrightarrow[\text{2) } H^+/H_2O]{\text{1) } 2LiAlH_4}$

681. $(CH_3)_2CH-C(=O)-OCH_3 \xrightarrow[\text{2) } H^+/H_2O]{\text{1) } 2LiAlH_4}$

! *Hint*：ヒドリドイオンがカルボニル基を攻撃し，得られた生成物にもう一度ヒドリドイオンが付加する．

122 アミドと $LiAlH_4$ の反応

目安時間  分

682. $CH_3-C(=O)-NH_2 \xrightarrow[\text{2) } H_2O]{\text{1) } 2LiAlH_4}$

683. $CD_3-C(=O)-NH(CH_3) \xrightarrow[\text{2) } H_2O]{\text{1) } 2LiAlH_4}$

684. $CH_3CH_2-C(=O)-N(CH_3)_2 \xrightarrow[\text{2) } H_2O]{\text{1) } 2LiAlH_4}$

685. $CH_3CH_2CH_2-C(=O)-NH_2 \xrightarrow[\text{2) } H_2O]{\text{1) } 2LiAlH_4}$

686. $Ph-C(=O)-NH(CH_3) \xrightarrow[\text{2) } H_2O]{\text{1) } 2LiAlH_4}$

687. $PhCH_2-C(=O)-N(CH_3)_2 \xrightarrow[\text{2) } H_2O]{\text{1) } 2LiAlH_4}$

688.

$$\mathrm{PhCH_2CH_2{-}C({=}O){-}NH_2} \xrightarrow[\text{2) } \mathrm{H_2O}]{\text{1) } \mathrm{2LiAlH_4}}$$

689.

$$\mathrm{(CH_3)_2CH{-}C({=}O){-}NH(CH_3)} \xrightarrow[\text{2) } \mathrm{H_2O}]{\text{1) } \mathrm{2LiAlH_4}}$$

! *Hint*：アミドと $LiAlH_4$ の反応では，アルコールではなくアミンが生成する．

123 アルデヒドとアセチリドイオンの反応

目安時間 10 分

690.

$$\mathrm{HC{\equiv}CH} \xrightarrow{\mathrm{NaNH_2}} \qquad \xrightarrow[\text{2) } \mathrm{H^+/H_2O}]{\text{1) } \mathrm{H_3C{-}C({=}O){-}H}}$$

691.

$$\mathrm{H_3C{-}C{\equiv}CH} \xrightarrow{\mathrm{NaNH_2}} \qquad \xrightarrow[\text{2) } \mathrm{H^+/H_2O}]{\text{1) } \mathrm{Ph{-}C({=}O){-}H}}$$

692.

$$\mathrm{CH_3CH_2{-}C{\equiv}CH} \xrightarrow{\mathrm{NaNH_2}} \qquad \xrightarrow[\text{2) } \mathrm{H^+/H_2O}]{\text{1) } \mathrm{CH_3CH_2CH_2{-}C({=}O){-}H}}$$

693.

$$\mathrm{Ph{-}C{\equiv}CH} \xrightarrow{\mathrm{NaNH_2}} \qquad \xrightarrow[\text{2) } \mathrm{H^+/H_2O}]{\text{1) } \mathrm{C_2H_5{-}C({=}O){-}H}}$$

! *Hint*：アセチリドイオンがアルデヒドのカルボニル基を求核攻撃する．

124 ケトンとアセチリドイオンの反応

694.

$$\mathrm{HC{\equiv}CH} \xrightarrow{\mathrm{NaNH_2}} \qquad \xrightarrow[\text{2) } \mathrm{H^+/H_2O}]{\text{1) } \mathrm{H_3C{-}C({=}O){-}CH_3}}$$

695.

$$\mathrm{H_3C{-}C{\equiv}CH} \xrightarrow{\mathrm{NaNH_2}} \qquad \xrightarrow[\text{2) } \mathrm{H^+/H_2O}]{\text{1) } \mathrm{Ph{-}C({=}O){-}CH_3}}$$

696.

$$\mathrm{CH_3CH_2{-}C{\equiv}CH} \xrightarrow{\mathrm{NaNH_2}} \qquad \xrightarrow[\text{2) } \mathrm{H^+/H_2O}]{\text{1) } \mathrm{Ph{-}C({=}O){-}Ph}}$$

697.

$$\mathrm{Ph{-}C{\equiv}CH} \xrightarrow{\mathrm{NaNH_2}} \qquad \xrightarrow[\text{2) } \mathrm{H^+/H_2O}]{\text{1) } \mathrm{C_2H_5{-}C({=}O){-}C_2H_5}}$$

! *Hint*：アセチリドイオンがケトンのカルボニル基を求核攻撃する．

125 アルデヒドとシアン化水素の反応

698.

$$\mathrm{H_3C{-}C({=}O){-}H} \xrightarrow[\mathrm{HCl}]{\mathrm{NaCN}} \qquad \xrightarrow{\mathrm{H^+/H_2O}}$$

699. H_3C-CHO $\xrightarrow[HCl]{NaCN}$ $\xrightarrow{H_2/Pt}$

700. $Ph-CHO$ $\xrightarrow[HCl]{NaCN}$ $\xrightarrow{H^+/H_2O}$

701. $Ph-CHO$ $\xrightarrow[HCl]{NaCN}$ $\xrightarrow{H_2/Pt}$

702. $CH_3CH_2CH_2-CHO$ $\xrightarrow[HCl]{NaCN}$ $\xrightarrow{H^+/H_2O}$

703. $CH_3CH_2CH_2-CHO$ $\xrightarrow[HCl]{NaCN}$ $\xrightarrow{H_2/Pt}$

704. C_2H_5-CHO $\xrightarrow[HCl]{NaCN}$ $\xrightarrow{H^+/H_2O}$

705. C_2H_5-CHO $\xrightarrow[HCl]{NaCN}$ $\xrightarrow{H_2/Pt}$

! *Hint*：シアン化物イオンがアルデヒドのカルボニル基を求核攻撃する．シアノ基はさらに官能基変換できる．

126 ケトンとシアン化水素の反応

目安時間  分

706. $H_3C-CO-CH_3$ $\xrightarrow{HCN}$ $\xrightarrow{H^+/H_2O}$

707. $H_3C-CO-CH_3$ $\xrightarrow{HCN}$ $\xrightarrow{H_2/Pt}$

708. $Ph-CO-CH_3$ $\xrightarrow{HCN}$ $\xrightarrow{H^+/H_2O}$

709. $Ph-CO-CH_3$ $\xrightarrow{HCN}$ $\xrightarrow{H_2/Pt}$

710. $Ph-CO-Ph$ $\xrightarrow{HCN}$ $\xrightarrow{H^+/H_2O}$

711. $Ph-CO-Ph$ $\xrightarrow{HCN}$ $\xrightarrow{H_2/Pt}$

712. $C_2H_5-CO-C_2H_5$ $\xrightarrow{HCN}$ $\xrightarrow{H^+/H_2O}$

713. $C_2H_5-CO-C_2H_5$ $\xrightarrow{HCN}$ $\xrightarrow{H_2/Pt}$

! *Hint*：シアン化物イオンがケトンのカルボニル基を求核攻撃する．シアノ基はさらに官能基変換できる．

127 アルデヒドと第一級アミンの反応

目安時間 10 分

714. $H_3C-CHO \xrightarrow[H^+]{NH_3}$

715. $H_3C-CHO \xrightarrow[H^+]{CH_3NH_2}$

716. $Ph-CHO \xrightarrow[H^+]{NH_3}$

717. $Ph-CHO \xrightarrow[H^+]{CH_3NH_2}$

718. $CH_3CH_2CH_2-CHO \xrightarrow[H^+]{NH_3}$

719. $CH_3CH_2CH_2-CHO \xrightarrow[H^+]{CH_3NH_2}$

720. $C_2H_5-CHO \xrightarrow[H^+]{NH_3}$

721. $C_2H_5-CHO \xrightarrow[H^+]{CH_3NH_2}$

!Hint：アミンがアルデヒドのカルボニル基を求核攻撃する．さらに脱水が起き，最終的にイミンが生成する．

128 ケトンと第一級アミンの反応

目安時間 10 分

722. $H_3C-CO-CH_3 \xrightarrow[H^+]{NH_3}$

723. $H_3C-CO-CH_3 \xrightarrow[H^+]{CH_3NH_2}$

724. $Ph-CO-CH_3 \xrightarrow[H^+]{NH_3}$

725. $Ph-CO-CH_3 \xrightarrow[H^+]{CH_3NH_2}$

726. $Ph-CO-Ph \xrightarrow[H^+]{NH_3}$

727. $Ph-CO-Ph \xrightarrow[H^+]{CH_3NH_2}$

728. $C_2H_5C(=O)C_2H_5 \xrightarrow[H^+]{NH_3}$

729. $C_2H_5C(=O)C_2H_5 \xrightarrow[H^+]{CH_3NH_2}$

!Hint：アミンがケトンのカルボニル基を求核攻撃する．さらに脱水が起き，最終的にイミンが生成する．

129　ケトンと第二級アミンの反応

目安時間 10 分

730. $H_3CC(=O)CH_3 \xrightarrow[H^+]{(CH_3)_2NH}$

731. $H_3CC(=O)CH_3 \xrightarrow[H^+]{(C_2H_5)_2NH}$

732. $PhC(=O)CH_3 \xrightarrow[H^+]{(CH_3)_2NH}$

733. $PhC(=O)CH_3 \xrightarrow[H^+]{(C_2H_5)_2NH}$

734. シクロペンタノン（$=O$） $\xrightarrow[H^+]{(CH_3)_2NH}$

735. シクロペンタノン（$=O$） $\xrightarrow[H^+]{(C_2H_5)_2NH}$

736. シクロヘキサノン（$=O$） $\xrightarrow[H^+]{(CH_3)_2NH}$

737. シクロヘキサノン（$=O$） $\xrightarrow[H^+]{(C_2H_5)_2NH}$

!Hint：アミンがケトンのカルボニル基を求核攻撃する．さらに脱水が起き，最終的にエナミンが生成する．

130　Wittig 反応

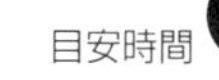

目安時間 10 分

738. $CH_3Br \xrightarrow{PPh_3} \quad \xrightarrow{n\text{-BuLi}} \quad \xrightarrow{H_3C-C(=O)-CH_3}$

739. $CH_3Br \xrightarrow{PPh_3} \quad \xrightarrow{n\text{-BuLi}} \quad \xrightarrow{\text{シクロペンタノン}}$

740. $C_2H_5Br \xrightarrow{PPh_3} \quad \xrightarrow{n\text{-BuLi}} \quad \xrightarrow{H_3C-C(=O)-CH_3}$

741. $C_2H_5Br \xrightarrow{PPh_3} \quad \xrightarrow{n\text{-BuLi}} \quad \xrightarrow{\text{cyclopentanone}}$

742. $PhCH_2Br \xrightarrow{PPh_3} \quad \xrightarrow{n\text{-BuLi}} \quad \xrightarrow{H_3C-C(=O)-CH_3}$

743. $PhCH_2Br \xrightarrow{PPh_3} \quad \xrightarrow{n\text{-BuLi}} \quad \xrightarrow{\text{cyclopentanone}}$

Hint：ハロゲン化アルキルがホスホニウム塩，さらにリンイリドに変換される．このリンイリドがカルボニル炭素を求核攻撃する．

131　アルデヒドからアセタール生成

目安時間  分

744. $H_3C-CHO \xrightarrow[H^+]{2CH_3OH}$

745. $H_3C-CHO \xrightarrow[H^+]{2C_2H_5OH}$

746. $Ph-CHO \xrightarrow[H^+]{2CH_3OH}$

747. $Ph-CHO \xrightarrow[H^+]{2C_2H_5OH}$

748. $CH_3CH_2CH_2-CHO \xrightarrow[H^+]{2CH_3OH}$

749. $CH_3CH_2CH_2-CHO \xrightarrow[H^+]{2C_2H_5OH}$

750. $C_2H_5-CHO \xrightarrow[H^+]{2CH_3OH}$

751. $C_2H_5-CHO \xrightarrow[H^+]{2C_2H_5OH}$

Hint：アルデヒド 1 分子にアルコール 2 分子が付加してアセタールになる．

132　アルデヒドから環状アセタール生成

目安時間  分

752. 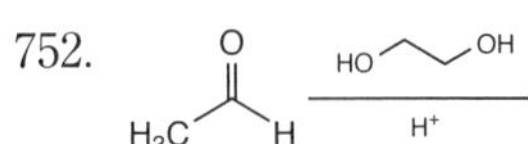

753. $H_3C-C(=O)-H \xrightarrow[H^+]{HO(CH_2)_3OH}$

754. $Ph-C(=O)-H \xrightarrow[H^+]{HO(CH_2)_2OH}$

755. $Ph-C(=O)-H \xrightarrow[H^+]{HO(CH_2)_3OH}$

756. $CH_3CH_2CH_2-C(=O)-H \xrightarrow[H^+]{HO(CH_2)_2OH}$

757. $CH_3CH_2CH_2-C(=O)-H \xrightarrow[H^+]{HO(CH_2)_3OH}$

758. $C_2H_5-C(=O)-H \xrightarrow[H^+]{HO(CH_2)_2OH}$

759. $C_2H_5-C(=O)-H \xrightarrow[H^+]{HO(CH_2)_3OH}$

!*Hint*：アルデヒド1分子にジオール1分子が付加して環状アセタールになる.

133 ケトンからアセタール生成

目安時間  分

760. $H_3C-C(=O)-CH_3 \xrightarrow[H^+]{2CH_3OH}$

761. $H_3C-C(=O)-CH_3 \xrightarrow[H^+]{2C_2H_5OH}$

762. $Ph-C(=O)-CH_3 \xrightarrow[H^+]{2CH_3OH}$

763. $Ph-C(=O)-CH_3 \xrightarrow[H^+]{2C_2H_5OH}$

764. $Ph-C(=O)-Ph \xrightarrow[H^+]{2CH_3OH}$

765. $Ph-C(=O)-Ph \xrightarrow[H^+]{2C_2H_5OH}$

766. $C_2H_5-C(=O)-C_2H_5 \xrightarrow[H^+]{2CH_3OH}$

767. $C_2H_5-C(=O)-C_2H_5 \xrightarrow[H^+]{2C_2H_5OH}$

!*Hint*：ケトン1分子にアルコール2分子が付加してアセタールになる.

134 ケトンから環状アセタール生成

目安時間 10 分

768. $H_3C-CO-CH_3 \xrightarrow[H^+]{HOCH_2CH_2OH}$

769. $H_3C-CO-CH_3 \xrightarrow[H^+]{HOCH_2CH_2CH_2OH}$

770. $Ph-CO-CH_3 \xrightarrow[H^+]{HOCH_2CH_2OH}$

771. $Ph-CO-CH_3 \xrightarrow[H^+]{HOCH_2CH_2CH_2OH}$

772. $Ph-CO-Ph \xrightarrow[H^+]{HOCH_2CH_2OH}$

773. $Ph-CO-Ph \xrightarrow[H^+]{HOCH_2CH_2CH_2OH}$

774. $C_2H_5-CO-C_2H_5 \xrightarrow[H^+]{HOCH_2CH_2OH}$

775. $C_2H_5-CO-C_2H_5 \xrightarrow[H^+]{HOCH_2CH_2CH_2OH}$

Hint：ケトン１分子にジオール１分子が付加して環状アセタールになる.

135 アルデヒドから各種シッフ塩基生成

目安時間  分

776. $H_3C-CHO \xrightarrow[H^+]{H_2NOH}$

777. $H_3C-CHO \xrightarrow[H^+]{H_2N-NH-CO-NH_2}$

778. $H_3C-CHO \xrightarrow[H^+]{C_6H_5-NHNH_2}$

779. $Ph-CHO \xrightarrow[H^+]{H_2NOH}$

780. $Ph-CHO \xrightarrow[H^+]{H_2N-NH-CO-NH_2}$

781. $PhCHO$ $\xrightarrow[H^+]{C_6H_5NHNH_2}$

! *Hint*：求核体の窒素原子がアルデヒドのカルボニル基を求核攻撃する．さらに脱水が起き，最終的にシッフ塩基が生成する．

136 ケトンから各種シッフ塩基生成

目安時間  分

782. $PhCOPh$ $\xrightarrow[H^+]{H_2NOH}$

783. $PhCOPh$ $\xrightarrow[H^+]{H_2N-NH-C(=O)-NH_2}$

784. $PhCOPh$ $\xrightarrow[H^+]{C_6H_5NHNH_2}$

785. シクロペンタノン $\xrightarrow[H^+]{H_2NOH}$

786. シクロペンタノン $\xrightarrow[H^+]{H_2N-NH-C(=O)-NH_2}$

787. シクロペンタノン $\xrightarrow[H^+]{C_6H_5NHNH_2}$

! *Hint*：求核体の窒素原子がケトンのカルボニル基を求核攻撃する．さらに脱水が起き，最終的にシッフ塩基が生成する．

137 アルデヒドから環状チオアセタール生成

目安時間  分

788. H_3CCHO $\xrightarrow[H^+]{HSCH_2CH_2SH}$

789. H_3CCHO $\xrightarrow[H^+]{HSCH_2CH_2CH_2SH}$

790. $PhCHO$ $\xrightarrow[H^+]{HSCH_2CH_2SH}$

791. $PhCHO$ $\xrightarrow[H^+]{HSCH_2CH_2CH_2SH}$

792. $CH_3CH_2CH_2CHO$ $\xrightarrow[H^+]{HSCH_2CH_2SH}$

793. $CH_3CH_2CH_2C(=O)H \xrightarrow[H^+]{HS\frown\frown SH}$

794. $C_2H_5C(=O)H \xrightarrow[H^+]{HS\frown SH}$

795. $C_2H_5C(=O)H \xrightarrow[H^+]{HS\frown\frown SH}$

! *Hint*：アルデヒド1分子にジチオール1分子が付加して環状チオアセタールになる.

138 ケトンから環状チオアセタール生成

目安時間 10 分

796. $H_3CC(=O)CH_3 \xrightarrow[H^+]{HS\frown SH}$

797. $H_3CC(=O)CH_3 \xrightarrow[H^+]{HS\frown\frown SH}$

798. $PhC(=O)CH_3 \xrightarrow[H^+]{HS\frown SH}$

799. $PhC(=O)CH_3 \xrightarrow[H^+]{HS\frown\frown SH}$

800. $PhC(=O)Ph \xrightarrow[H^+]{HS\frown SH}$

801. $PhC(=O)Ph \xrightarrow[H^+]{HS\frown\frown SH}$

802. $C_2H_5C(=O)C_2H_5 \xrightarrow[H^+]{HS\frown SH}$

803. $C_2H_5C(=O)C_2H_5 \xrightarrow[H^+]{HS\frown\frown SH}$

! *Hint*：ケトン1分子にジチオール1分子が付加して環状チオアセタールになる.

139 アルデヒドと一級アミンを反応させ，$NaBH_3CN$ 還元

目安時間  分

804. $H_3CC(=O)H \xrightarrow[H^+]{PhCH_2NH_2}$ 　　　　$\xrightarrow{NaBH_3CN}$

805. $H_3CC(=O)H \xrightarrow[H^+]{CH_3NH_2}$ 　　　　$\xrightarrow{NaBH_3CN}$

806. PhCHO $\xrightarrow[H^+]{PhCH_2NH_2}$ $\xrightarrow{NaBH_3CN}$

807. PhCHO $\xrightarrow[H^+]{CH_3NH_2}$ $\xrightarrow{NaBH_3CN}$

808. $CH_3CH_2CH_2CHO$ $\xrightarrow[H^+]{PhCH_2NH_2}$ $\xrightarrow{NaBH_3CN}$

809. $CH_3CH_2CH_2CHO$ $\xrightarrow[H^+]{CH_3NH_2}$ $\xrightarrow{NaBH_3CN}$

810. C_2H_5CHO $\xrightarrow[H^+]{PhCH_2NH_2}$ $\xrightarrow{NaBH_3CN}$

811. C_2H_5CHO $\xrightarrow[H^+]{CH_3NH_2}$ $\xrightarrow{NaBH_3CN}$

Hint：アルデヒドと第一級アミンから生成したイミンを，ヒドリド還元剤と反応させる．

140 ケトンと第一級アミンを反応させ，$NaBH_3CN$ 還元

目安時間 10 分

812. H_3CCOCH_3 $\xrightarrow[H^+]{PhCH_2NH_2}$ $\xrightarrow{NaBH_3CN}$

813. H_3CCOCH_3 $\xrightarrow[H^+]{CH_3NH_2}$ $\xrightarrow{NaBH_3CN}$

814. $PhCOCH_3$ $\xrightarrow[H^+]{PhCH_2NH_2}$ $\xrightarrow{NaBH_3CN}$

815. $PhCOCH_3$ $\xrightarrow[H^+]{CH_3NH_2}$ $\xrightarrow{NaBH_3CN}$

816. PhCOPh $\xrightarrow[H^+]{PhCH_2NH_2}$ $\xrightarrow{NaBH_3CN}$

817. PhCOPh $\xrightarrow[H^+]{CH_3NH_2}$ $\xrightarrow{NaBH_3CN}$

818. $C_2H_5COC_2H_5$ $\xrightarrow[H^+]{PhCH_2NH_2}$ $\xrightarrow{NaBH_3CN}$

819. $C_2H_5COC_2H_5$ $\xrightarrow[H^+]{CH_3NH_2}$ $\xrightarrow{NaBH_3CN}$

Hint：ケトンと第一級アミンから生成したイミンを，ヒドリド還元剤と反応させる．

141 ケトンと第二級アミンを反応させ，$NaBH_3CN$ 還元

目安時間 10 分

820. $H_3C-CO-CH_3$ $\xrightarrow[H^+]{(CH_3)_2NH}$ $\xrightarrow{NaBH_3CN}$

821. $H_3C-CO-CH_3$ $\xrightarrow[H^+]{(C_2H_5)_2NH}$ $\xrightarrow{NaBH_3CN}$

822. $Ph-CO-CH_3$ $\xrightarrow[H^+]{(CH_3)_2NH}$ $\xrightarrow{NaBH_3CN}$

823. $Ph-CO-CH_3$ $\xrightarrow[H^+]{(C_2H_5)_2NH}$ $\xrightarrow{NaBH_3CN}$

824. シクロペンタノン（=O） $\xrightarrow[H^+]{(CH_3)_2NH}$ $\xrightarrow{NaBH_3CN}$

825. シクロペンタノン（=O） $\xrightarrow[H^+]{(C_2H_5)_2NH}$ $\xrightarrow{NaBH_3CN}$

826. シクロヘキサノン（=O） $\xrightarrow[H^+]{(CH_3)_2NH}$ $\xrightarrow{NaBH_3CN}$

827. シクロヘキサノン（=O） $\xrightarrow[H^+]{(C_2H_5)_2NH}$ $\xrightarrow{NaBH_3CN}$

Hint：ケトンと第二級アミンから生成したエナミンを，ヒドリド還元剤と反応させる．

142 α,β-不飽和ケトンに共役付加（1）

目安時間  分

828. $CH_2=CH-CO-CH_3$ $\xrightarrow{HCN}$

829. $CH_2=CH-CO-CH_3$ $\xrightarrow{HBr}$

830. $CH_2=CH-CO-CH_3$ $\xrightarrow{CH_3OH}$

831. $CH_2=CH-CO-CH_3$ $\xrightarrow{CH_3SH}$

832. $CH_2=CH-CO-CH_3$ $\xrightarrow{NH_3}$

Hint：求核剤はカルボニル基ではなく β 位の炭素原子を攻撃する．

143　α, β-不飽和ケトンに共役付加（2）

目安時間 10 分

833. $\xrightarrow{HCN}$

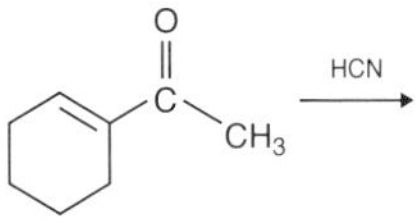

834. $\xrightarrow{HBr}$

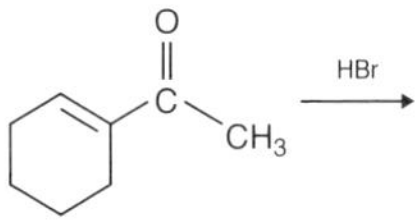

835. $\xrightarrow{CH_3OH}$

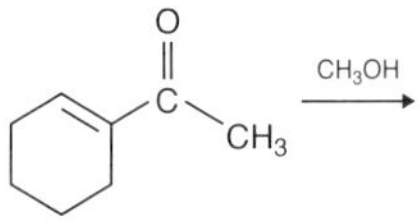

836. $\xrightarrow{CH_3SH}$

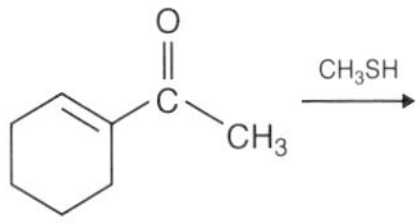

837. $\xrightarrow{NH_3}$

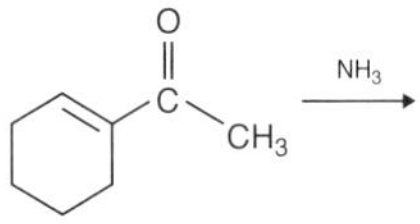

Hint：求核剤はカルボニル基ではなく β 位の炭素原子を攻撃する.

144　α, β-不飽和ケトンに共役付加（3）

目安時間  分

838. $\xrightarrow{HCN}$

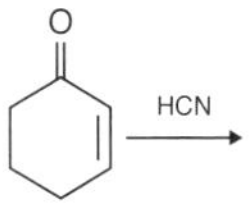

839. $\xrightarrow{HBr}$

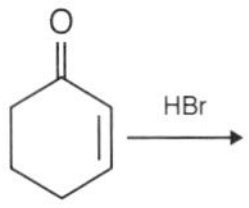

840. $\xrightarrow{CH_3OH}$

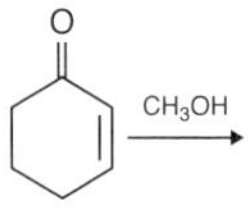

841. $\xrightarrow{CH_3SH}$

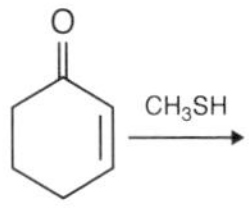

842. $\xrightarrow{NH_3}$

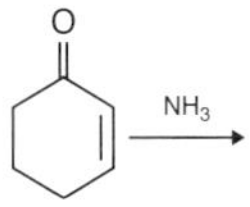

Hint：求核剤はカルボニル基ではなく β 位の炭素原子を攻撃する.

カルボニル基のα位での反応

実施日：　　月　　日

反応のポイント

A. カルボニル基のα位のハロゲン化

ハロゲン分子存在下，カルボニル基のα位水素はハロゲン原子に置換される．酸性条件と塩基性条件では，置換されるハロゲン原子の数が違うことに注意しよう．このようにして導入したハロゲン原子は適切な求核剤と置き換えることができる．

$$R-C(=O)-CH_3 \xrightarrow[H^+/H_2O]{Cl_2} R-C(=O)-CH_2Cl$$

$$R-C(=O)-CH_3 \xrightarrow[HO^-/H_2O]{Cl_2} R-C(=O)-CCl_3$$

B. カルボニル基のα位の脱プロトン化

カルボニル基のα位水素は塩基によって引き抜かれ，カルボアニオンが生成する．このカルボアニオンは求核体として振る舞い，もう一つのカルボニル化合物のカルボニル基に求核攻撃し，炭素-炭素結合が生成する．

$$R-C(=O)-CH_3 \xrightarrow{\text{塩基}} R-C(=O)-\overset{-}{C}H_2$$

求核体

$$R-C(=O)-\overset{\ominus}{C}H_2 \xrightarrow{R'-C(=O)-R''} R-C(=O)-CH_2-C(O^-)(R')(R'')$$

C. アルドール付加

α位水素をもつアルデヒドもしくはケトンは塩基の存在下，二つの同一分子による反応によって，β-ヒドロキシアルデヒドもしくはβ-ヒドロキシケトンが生成する．

$$R-C(=O)-CH_3 \xrightarrow{\text{塩基}} R-C(=O)-\overset{-}{C}H_2$$

求核体

ここでつながった

$$\xrightarrow{R-C(=O)-CH_3} R-C(=O)-CH_2-C(OH)(CH_3)-R$$

D. クライゼン縮合

α位水素をもつエステルは塩基の存在下，二つの同一分子による反応によって，β-ケトエステルが生成する．

$$RO-C(=O)-CH_3 \xrightarrow{\text{塩基}} RO-C(=O)-\overset{-}{C}H_2$$

求核体

ここでつながった

$$\xrightarrow{RO-C(=O)-CH_3} RO-C(=O)-CH_2-C(=O)-CH_3$$

E. 3-オキソカルボン酸エステルおよびマロン酸ジエステルの反応

これらの化合物ではカルボニル基に挟まれたメチレン水素が塩基の存在下で容易に引き抜かれ，ハロゲン化アルキルとの求核反応，加水分解，脱炭酸を経て，アルキル基をもつケトンもしくはカルボン酸を与える．以下にマロン酸ジエステルを出発物質とした変換を示す．

$$RO-C(=O)-CH_2-C(=O)-OR \xrightarrow[\text{2) R'Br}]{\text{1) 塩基}} RO-C(=O)-CH(R')-C(=O)-OR$$

$$\xrightarrow[\text{2) R''Br}]{\text{1) 塩基}} RO-C(=O)-C(R')(R'')-C(=O)-OR \xrightarrow{\text{加水分解}}$$

$$HO-C(=O)-C(R')(R'')-C(=O)-OH \xrightarrow{\text{脱炭酸}} H-C(R')(R'')-C(=O)-OH$$

145 酸性条件でのケトンへの塩素置換

目安時間 5 分

843. O $\xrightarrow[H^+/H_2O]{Cl_2}$

844. O $\xrightarrow[H^+/H_2O]{Cl_2}$

845. O Ph $\xrightarrow[H^+/H_2O]{Cl_2}$

846. O $\xrightarrow[H^+/H_2O]{Cl_2}$

847. O $\xrightarrow[H^+/H_2O]{Cl_2}$

848. O $\xrightarrow[H^+/H_2O]{Cl_2}$

! *Hint*：酸性条件ではカルボニル基のα位水素が一つだけ塩素原子に置き換わる.

146 酸性条件でのケトンへの臭素置換

目安時間  分

849. O $\xrightarrow[H^+/H_2O]{Br_2}$

850. O $\xrightarrow[H^+/H_2O]{Br_2}$

851. O Ph $\xrightarrow[H^+/H_2O]{Br_2}$

852. O $\xrightarrow[H^+/H_2O]{Br_2}$

853. O $\xrightarrow[H^+/H_2O]{Br_2}$

854. O $\xrightarrow[H^+/H_2O]{Br_2}$

! *Hint*：酸性条件ではカルボニル基のα位水素が一つだけ臭素原子に置き換わる.

147 塩基性条件でのケトンへの塩素置換

目安時間 5 分

855. 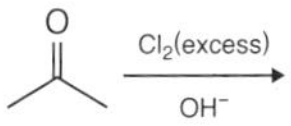 $\xrightarrow[\text{OH}^-]{\text{Cl}_2\text{(excess)}}$

856. 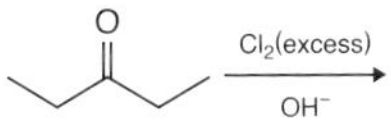 $\xrightarrow[\text{OH}^-]{\text{Cl}_2\text{(excess)}}$

857. 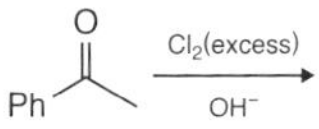 Ph $\xrightarrow[\text{OH}^-]{\text{Cl}_2\text{(excess)}}$

858. 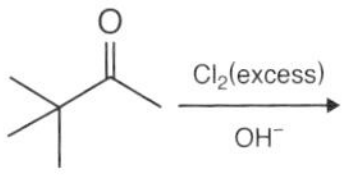 $\xrightarrow[\text{OH}^-]{\text{Cl}_2\text{(excess)}}$

859. 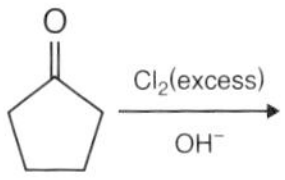 $\xrightarrow[\text{OH}^-]{\text{Cl}_2\text{(excess)}}$

860. 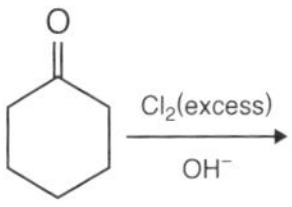 $\xrightarrow[\text{OH}^-]{\text{Cl}_2\text{(excess)}}$

Hint：塩基性条件ではカルボニル基のα位水素がすべて塩素原子に置き換わる.

148 塩基性条件でのケトンへの臭素置換

目安時間  分

861. 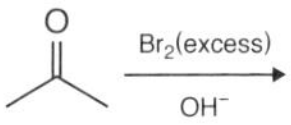 $\xrightarrow[\text{OH}^-]{\text{Br}_2\text{(excess)}}$

862. 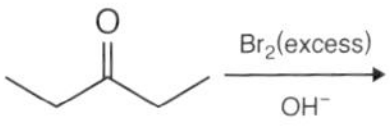 $\xrightarrow[\text{OH}^-]{\text{Br}_2\text{(excess)}}$

863. 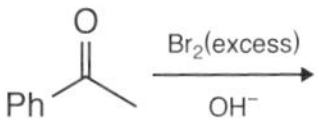 Ph $\xrightarrow[\text{OH}^-]{\text{Br}_2\text{(excess)}}$

864. 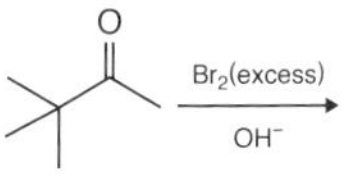 $\xrightarrow[\text{OH}^-]{\text{Br}_2\text{(excess)}}$

865. 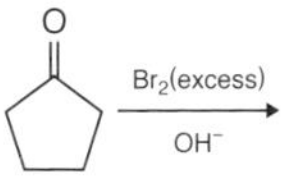 $\xrightarrow[\text{OH}^-]{\text{Br}_2\text{(excess)}}$

866. 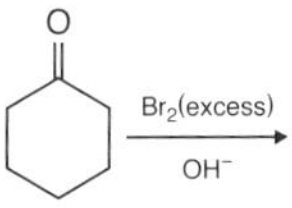 $\xrightarrow[\text{OH}^-]{\text{Br}_2\text{(excess)}}$

Hint：塩基性条件ではカルボニル基のα位水素がすべて臭素原子に置き換わる.

149 酸性条件でのケトンへの塩素置換そして求核置換

目安時間 5 分

867. $\xrightarrow[H^+/H_2O]{Cl_2}$ $\xrightarrow{CN^-}$

868. $\xrightarrow[H^+/H_2O]{Cl_2}$ $\xrightarrow{CN^-}$

869. Ph $\xrightarrow[H^+/H_2O]{Cl_2}$ $\xrightarrow{CN^-}$

870. $\xrightarrow[H^+/H_2O]{Cl_2}$ $\xrightarrow{CH_3COO^-}$

871. $\xrightarrow[H^+/H_2O]{Cl_2}$ $\xrightarrow{CH_3COO^-}$

872. $\xrightarrow[H^+/H_2O]{Cl_2}$ $\xrightarrow{CH_3COO^-}$

! *Hint*：カルボニル基のα位水素が一つだけ塩素原子に置き換わる．続いて求核体と塩素原子が置き換わる．

150 酸性条件でのケトンへの臭素置換そして求核置換

目安時間  分

873. $\xrightarrow[H^+/H_2O]{Br_2}$ $\xrightarrow{CN^-}$

874. $\xrightarrow[H^+/H_2O]{Br_2}$ $\xrightarrow{CN^-}$

875. Ph $\xrightarrow[H^+/H_2O]{Br_2}$ $\xrightarrow{CN^-}$

876. $\xrightarrow[H^+/H_2O]{Br_2}$ $\xrightarrow{CH_3COO^-}$

877. $\xrightarrow[H^+/H_2O]{Br_2}$ $\xrightarrow{CH_3COO^-}$

878. $\xrightarrow[H^+/H_2O]{Br_2}$ $\xrightarrow{CH_3COO^-}$

! *Hint*：カルボニル基のα位水素が一つだけ臭素原子に置き換わる．続いて求核体と臭素原子が置き換わる．

151 ケトンのα位のD化

目安時間 5 分

879. 1) LDA 2) D_2O

880. 1) LDA 2) D_2O

881. Ph 1) LDA 2) D_2O

882. 1) LDA 2) D_2O

883. 1) LDA 2) D_2O

884. 1) LDA 2) D_2O

Hint：カルボニル基のα位水素が強塩基のLDAで引き抜かれる．続いて酸塩基反応により重水素が導入される．

152 ケトンのα位のアルキル化

目安時間  分

885. 1) LDA 2) CH_3Br

886. 1) LDA 2) C_2H_5Br

887. Ph 1) LDA 2) CH_3Br

888. 1) LDA 2) C_2H_5Br

889. 1) LDA 2) CH_3Br

890. 1) LDA 2) C_2H_5Br

Hint：カルボニル基のα位水素が強塩基のLDAで引き抜かれる．求核置換反応によりアルキル基が導入される．

153 aldol 付加

目安時間 10 分

891. O H $\xrightarrow{HO^-}$ 1) O H 2) H^+/H_2O

892. O H $\xrightarrow{HO^-}$ 1) O H 2) H^+/H_2O

893. O H $\xrightarrow{HO^-}$ 1) O H 2) H^+/H_2O

894. Ph O H $\xrightarrow{HO^-}$ 1) Ph O H 2) H^+/H_2O

! *Hint*：カルボニル基のα位水素が塩基によって引き抜かれ，生成したカルボアニオンが求核体となり，もう一つのアルデヒドに求核攻撃する．

154 aldol 縮合

目安時間 10 分

895. O H $\xrightarrow{HO^-}$ 1) O H 2) H^+ 加熱脱水

896. O H $\xrightarrow{HO^-}$ 1) O H 2) H^+ 加熱脱水

897. O H $\xrightarrow{HO^-}$ 1) O H 2) H^+ 加熱脱水

898. O H $\xrightarrow{HO^-}$ 1) O H 2) H^+ 加熱脱水

899. Ph O H $\xrightarrow{HO^-}$ 1) Ph O H 2) H^+ 加熱脱水

! *Hint*：まず，アルドール付加の生成物を描こう．続いて，そこからα, β-不飽和アルデヒドができるように脱水させよう．

155 Claisen 縮合（1）

目安時間 10 分

900. O, OCH_3 — CH_3O^- → 1) O, OCH_3 2) H^+ →

901. O, OCH_3 — CH_3O^- → 1) O, OCH_3 2) H^+ →

902. O, OCH_3 — CH_3O^- → 1) O, OCH_3 2) H^+ →

903. Ph, O, OCH_3 — CH_3O^- → 1) Ph, O, OCH_3 2) H^+ →

Hint：カルボニル基のα位水素が塩基によって引き抜かれ，生成したカルボアニオンが求核体となり，もう一つのエステルに求核攻撃する．

156 Claisen 縮合（2）

目安時間  分

904. O, OC_2H_5 — $C_2H_5O^-$ → 1) O, OC_2H_5 2) H^+ →

905. O, OC_2H_5 — $C_2H_5O^-$ → 1) O, OC_2H_5 2) H^+ →

906. O, OC_2H_5 — $C_2H_5O^-$ → 1) O, OC_2H_5 2) H^+ →

907. O, OC_2H_5 — $C_2H_5O^-$ → 1) O, OC_2H_5 2) H^+ →

908. Ph, O, OC_2H_5 — $C_2H_5O^-$ → 1) Ph, O, OC_2H_5 2) H^+ →

Hint：カルボニル基のα位水素が塩基によって引き抜かれ，生成したカルボアニオンが求核体となり，もう一つのエステルに求核攻撃する．

157 Dieckmann 縮合

目安時間 10 分

909. C_2H_5O … OC_2H_5 $\xrightarrow[2)\ H^+]{1)\ C_2H_5O^-}$

910. C_2H_5O … OC_2H_5 (H_3C, CH_3) $\xrightarrow[2)\ H^+]{1)\ C_2H_5O^-}$

911. C_2H_5O … OC_2H_5 $\xrightarrow[2)\ H^+]{1)\ C_2H_5O^-}$

912. C_2H_5O … OC_2H_5 (H_3C, CH_3) $\xrightarrow[2)\ H^+]{1)\ C_2H_5O^-}$

913. C_2H_5O … OC_2H_5 $\xrightarrow[2)\ H^+]{1)\ C_2H_5O^-}$

914. C_2H_5O … OC_2H_5 (H_3C, CH_3) $\xrightarrow[2)\ H^+]{1)\ C_2H_5O^-}$

Hint：片方のカルボニル基のα位水素が塩基によって引き抜かれ，生成したカルボアニオンが求核体となり，分子内のもう一つのカルボニル基に求核攻撃する．

158 交差 aldol 付加（1）

目安時間  分

915. H_3C–CHO + C_2H_5–CHO $\xrightarrow[2)\ H^+]{1)\ HO^-}$

916. $(H_3C)(CH_3)CH$–CHO + C_2H_5–CHO $\xrightarrow[2)\ H^+]{1)\ HO^-}$

917. Ph–CH_2–CHO + C_2H_5–CHO $\xrightarrow[2)\ H^+]{1)\ HO^-}$

Hint：カルボニル基のα位水素が塩基によって引き抜かれ，生成したカルボアニオンが求核体となり，もう一つのアルデヒドに求核攻撃する．「どちらのアルデヒドのカルボアニオンが」「どちらのアルデヒドに求核攻撃するか」を考えると，4種類の化合物が生成することがわかる．

159 交差 aldol 付加（2）

目安時間 10 分

918. $H_3C\text{-}CHO + Ph\text{-}CHO \xrightarrow[2)\ H^+]{1)\ HO^-}$

919. $(H_3C)(CH_3)CH\text{-}CHO + Ph\text{-}CHO \xrightarrow[2)\ H^+]{1)\ HO^-}$

920. $Ph\text{-}CH_2\text{-}CHO + Ph\text{-}CHO \xrightarrow[2)\ H^+]{1)\ HO^-}$

! *Hint*：カルボニル基のα位水素が塩基によって引き抜かれ，生成したカルボアニオンが求核体となり，もう一つのアルデヒドに求核攻撃する．「どのアルデヒドのカルボアニオンが」「どのアルデヒドに求核攻撃するか」を考えると，２種類の化合物が生成することがわかる．

160 交差 aldol 付加（3）

目安時間  分

921. $H_3C\text{-}CHO + H\text{-}CHO \xrightarrow[2)\ H^+]{1)\ HO^-}$

922. $(H_3C)(CH_3)CH\text{-}CHO + H\text{-}CHO \xrightarrow[2)\ H^+]{1)\ HO^-}$

923. $Ph\text{-}CH_2\text{-}CHO + H\text{-}CHO \xrightarrow[2)\ H^+]{1)\ HO^-}$

! *Hint*：カルボニル基のα位水素が塩基によって引き抜かれ，生成したカルボアニオンが求核体となり，もう一つのアルデヒドに求核攻撃する．「どのアルデヒドのカルボアニオンが」「どのアルデヒドに求核攻撃するか」を考えると，２種類の化合物が生成することがわかる．

161 交差 Claisen 縮合（1）

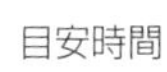  分

924. $H_3C\text{-}C(=O)OC_2H_5 + C_2H_5\text{-}C(=O)OC_2H_5 \xrightarrow[2)\ H^+]{1)\ C_2H_5O^-}$

925. $(H_3C)(CH_3)CH\text{-}C(=O)OC_2H_5 + C_2H_5\text{-}C(=O)OC_2H_5 \xrightarrow[2)\ H^+]{1)\ C_2H_5O^-}$

926. $Ph\text{-}CH_2\text{-}C(=O)OC_2H_5 + C_2H_5\text{-}C(=O)OC_2H_5 \xrightarrow[2)\ H^+]{1)\ C_2H_5O^-}$

! *Hint*：カルボニル基のα位水素が塩基によって引き抜かれ，生成したカルボアニオンが求核体となり，もう一つのエステルに求核攻撃する．「どちらのエステルのカルボアニオンが」「どちらのエステルに求核攻撃するか」を考えると，４種類の化合物が生成することがわかる．

162 交差 Claisen 縮合（2）

目安時間 10 分

927. $H_3C-C(=O)-OC_2H_5$ ＋ $Ph-C(=O)-OC_2H_5$ $\xrightarrow[2)\ H^+]{1)\ C_2H_5O^-}$

928. $(H_3C)(CH_3)CH-C(=O)-OC_2H_5$ ＋ $Ph-C(=O)-OC_2H_5$ $\xrightarrow[2)\ H^+]{1)\ C_2H_5O^-}$

929. $Ph-CH_2-C(=O)-OC_2H_5$ ＋ $Ph-C(=O)-OC_2H_5$ $\xrightarrow[2)\ H^+]{1)\ C_2H_5O^-}$

! *Hint*：カルボニル基のα位水素が塩基によって引き抜かれ，生成したカルボアニオンが求核体となり，もう一つのエステルに求核攻撃する．「どのエステルのカルボアニオンが」「どのエステルに求核攻撃するか」を考えると，2 種類の化合物が生成することがわかる．

163 交差 Claisen 縮合（3）

目安時間   分

930. $H_3C-C(=O)-OC_2H_5$ ＋ $H-C(=O)-OC_2H_5$ $\xrightarrow[2)\ H^+]{1)\ C_2H_5O^-}$

931. $(H_3C)(CH_3)CH-C(=O)-OC_2H_5$ ＋ $H-C(=O)-OC_2H_5$ $\xrightarrow[2)\ H^+]{1)\ C_2H_5O^-}$

932. $Ph-CH_2-C(=O)-OC_2H_5$ ＋ $H-C(=O)-OC_2H_5$ $\xrightarrow[2)\ H^+]{1)\ C_2H_5O^-}$

! *Hint*：カルボニル基のα位水素が塩基によって引き抜かれ，生成したカルボアニオンが求核体となり，もう一つのエステルに求核攻撃する．「どのエステルのカルボアニオンが」「どのエステルに求核攻撃するか」を考えると，2 種類の化合物が生成することがわかる．

164 分子内 aldol 付加

目安時間  分

933. $H-C(=O)-CH_2CH_2CH_2CH_2-C(=O)-H$ $\xrightarrow[2)\ H^+]{1)\ HO^-}$

934. $H-C(=O)-C(CH_3)_2-CH_2CH_2-C(=O)-H$ $\xrightarrow[2)\ H^+]{1)\ HO^-}$

935. $H-C(=O)-CH_2CH_2CH_2CH_2CH_2-C(=O)-H$ $\xrightarrow[2)\ H^+]{1)\ HO^-}$

936. 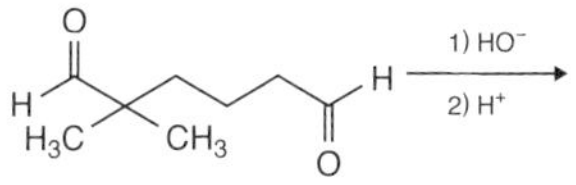 1) HO^- 2) H^+

937. 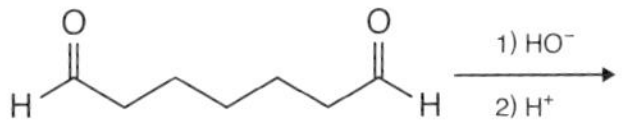 1) HO^- 2) H^+

938. 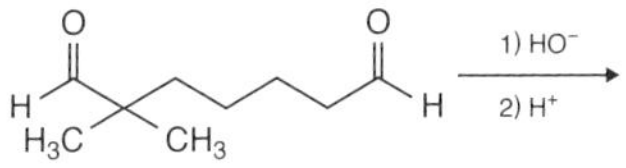 1) HO^- 2) H^+

Hint：片方のカルボニル基のα位水素が塩基によって引き抜かれ，生成したカルボアニオンが求核体となり，分子内のもう一つのカルボニル基に求核攻撃する．

165 3-オキソカルボン酸脱炭酸（1）

目安時間  分

939. 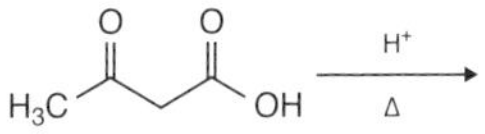 H^+, Δ

940. 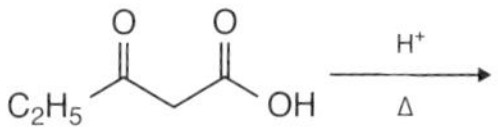 H^+, Δ

941. 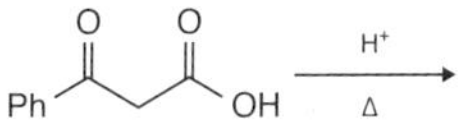 H^+, Δ

942. 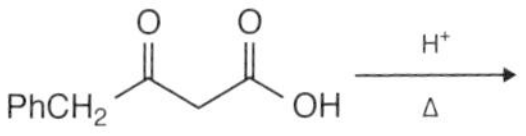 H^+, Δ

943. 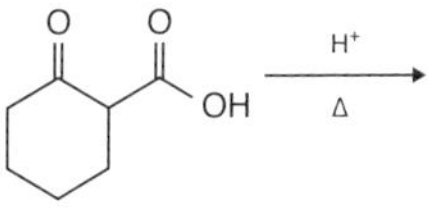 H^+, Δ

Hint：3-オキソカルボン酸は酸性条件で加熱すると二酸化炭素を放出する．

166 3-オキソカルボン酸脱炭酸（2）

目安時間  分

944. 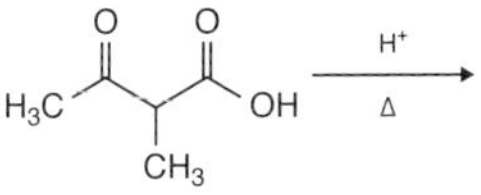 H^+, Δ

945. 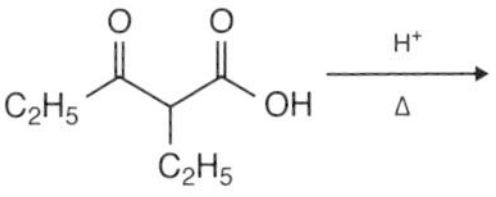 H^+, Δ

946. 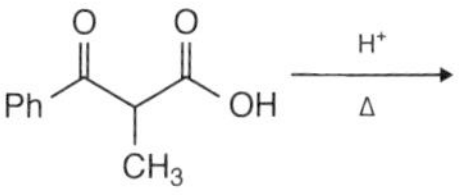 H^+, Δ

947. $PhCH_2$, O, O, OH, C_2H_5　$\xrightarrow[\Delta]{H^+}$

948. O, O, OH, CH_3　$\xrightarrow[\Delta]{H^+}$

Hint：3-オキソカルボン酸は酸性条件で加熱すると二酸化炭素を放出する．

167 マロン酸脱炭酸

目安時間  分

949. HO, O, O, OH　$\xrightarrow[\Delta]{H^+}$

950. HO, O, O, OH, CH_3　$\xrightarrow[\Delta]{H^+}$

951. HO, O, O, OH, H_3C, CH_3　$\xrightarrow[\Delta]{H^+}$

952. HO, O, O, OH, H_3C, $CH_2C_6H_5$　$\xrightarrow[\Delta]{H^+}$

Hint：マロン酸は酸性条件で加熱すると二酸化炭素を放出する．

168 3-オキソカルボン酸エステルのアルキル化（1）

目安時間  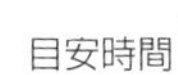 分

953. H_3C, O, O, OC_2H_5　$\xrightarrow[2)\ CH_3Br]{1)\ C_2H_5O^-}$

954. C_2H_5, O, O, OC_2H_5　$\xrightarrow[2)\ C_2H_5Br]{1)\ C_2H_5O^-}$

955. Ph, O, O, OC_2H_5　$\xrightarrow[2)\ CH_3Br]{1)\ C_2H_5O^-}$

956. $PhCH_2$, O, O, OC_2H_5　$\xrightarrow[2)\ PhCH_2Br]{1)\ C_2H_5O^-}$

957. O, O, OC_2H_5　$\xrightarrow[2)\ CH_3Br]{1)\ C_2H_5O^-}$

Hint：カルボニル基に挟まれたメチレン水素が強塩基で引き抜かれる．求核置換反応によりアルキル基が導入される．

169 3-オキソカルボン酸エステルのアルキル化（2）　目安時間 10 分

958. $CH_3COCH_2COOC_2H_5$ $\xrightarrow[\text{2) } CH_3Br]{\text{1) } C_2H_5O^-}$ $\xrightarrow[\text{2) } CH_3Br]{\text{1) } C_2H_5O^-}$

959. $C_2H_5COCH_2COOC_2H_5$ $\xrightarrow[\text{2) } C_2H_5Br]{\text{1) } C_2H_5O^-}$ $\xrightarrow[\text{2) } CH_3Br]{\text{1) } C_2H_5O^-}$

960. $PhCOCH_2COOC_2H_5$ $\xrightarrow[\text{2) } CH_3Br]{\text{1) } C_2H_5O^-}$ $\xrightarrow[\text{2) } CH_3Br]{\text{1) } C_2H_5O^-}$

961. $PhCH_2COCH_2COOC_2H_5$ $\xrightarrow[\text{2) } PhCH_2Br]{\text{1) } C_2H_5O^-}$ $\xrightarrow[\text{2) } PhCH_2Br]{\text{1) } C_2H_5O^-}$

962. $PhCH_2COCH_2COOC_2H_5$ $\xrightarrow[\text{2) } PhCH_2Br]{\text{1) } C_2H_5O^-}$ $\xrightarrow[\text{2) } C_2H_5Br]{\text{1) } C_2H_5O^-}$

Hint：メチレン水素が強塩基で引き抜かれる．求核置換反応によりアルキル基が導入される．メチレン水素は二つあるので同様の反応をもう一度行うことができる．

170 3-オキソカルボン酸エステル加水分解（1）　目安時間 5 分

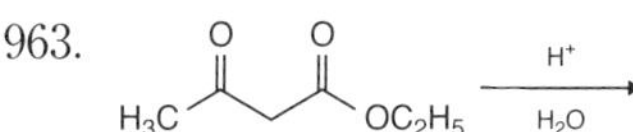

963. $CH_3COCH_2COOC_2H_5$ $\xrightarrow[H_2O]{H^+}$

964. $C_2H_5COCH_2COOC_2H_5$ $\xrightarrow[H_2O]{H^+}$

965. $PhCOCH_2COOC_2H_5$ $\xrightarrow[H_2O]{H^+}$

966. $PhCH_2COCH_2COOC_2H_5$ $\xrightarrow[H_2O]{H^+}$

967. 2-(C_2H_5OCO)-c-C_6H_9(=O) $\xrightarrow[H_2O]{H^+}$

Hint：カルボン酸エステルが加水分解されてカルボン酸が生成する．

171 3-オキソカルボン酸エステル加水分解（2）　目安時間 5 分

968. $CH_3COCH(CH_3)COOC_2H_5$ $\xrightarrow[H_2O]{H^+}$

969. O O C_2H_5 OC_2H_5 C_2H_5 $\xrightarrow[H_2O]{H^+}$

970. O O Ph OC_2H_5 CH_3 $\xrightarrow[H_2O]{H^+}$

971. O O $PhCH_2$ OC_2H_5 C_2H_5 $\xrightarrow[H_2O]{H^+}$

972. O O OC_2H_5 CH_3 $\xrightarrow[H_2O]{H^+}$

Hint：カルボン酸エステルが加水分解されてカルボン酸が生成する.

172 マロン酸ジエステル加水分解

目安時間  分

973. O O C_2H_5O OC_2H_5 $\xrightarrow[H_2O]{H^+}$

974. O O C_2H_5O OC_2H_5 CH_3 $\xrightarrow[H_2O]{H^+}$

975. O O C_2H_5O OC_2H_5 H_3C CH_3 $\xrightarrow[H_2O]{H^+}$

976. O O C_2H_5O OC_2H_5 H_3C $CH_2C_6H_5$ $\xrightarrow[H_2O]{H^+}$

Hint：二箇所のカルボン酸エステル結合が加水分解されてジカルボン酸が生成する.

173 3-オキソカルボン酸エステルのアルキル化，加水分解，脱炭酸（1）

目安時間  分

977. O O H_3C OC_2H_5 $\xrightarrow[2)\ CH_3Br]{1)\ C_2H_5O^-}$ $\xrightarrow[2)\ CH_3Br]{1)\ C_2H_5O^-}$ $\xrightarrow[\Delta]{H^+/H_2O}$

978. O O C_2H_5 OC_2H_5 $\xrightarrow[2)\ CH_3Br]{1)\ C_2H_5O^-}$ $\xrightarrow[2)\ CH_3Br]{1)\ C_2H_5O^-}$ $\xrightarrow[\Delta]{H^+/H_2O}$

979. O O H_3C OC_2H_5 $\xrightarrow[2)\ CH_3Br]{1)\ C_2H_5O^-}$ $\xrightarrow[2)\ C_2H_5Br]{1)\ C_2H_5O^-}$ $\xrightarrow[\Delta]{H^+/H_2O}$

980. $C_2H_5COCH_2COOC_2H_5$ $\xrightarrow[\text{2) }CH_3Br]{\text{1) }C_2H_5O^-}$ $\xrightarrow[\text{2) }C_2H_5Br]{\text{1) }C_2H_5O^-}$ $\xrightarrow[\Delta]{H^+/H_2O}$

981. $PhCOCH_2COOC_2H_5$ $\xrightarrow[\text{2) }CH_3Br]{\text{1) }C_2H_5O^-}$ $\xrightarrow[\text{2) }CH_3Br]{\text{1) }C_2H_5O^-}$ $\xrightarrow[\Delta]{H^+/H_2O}$

982. $PhCOCH_2COOC_2H_5$ $\xrightarrow[\text{2) }C_2H_5Br]{\text{1) }C_2H_5O^-}$ $\xrightarrow[\text{2) }C_2H_5Br]{\text{1) }C_2H_5O^-}$ $\xrightarrow[\Delta]{H^+/H_2O}$

! *Hint*：アルキル化を2回して，加水分解，さらに脱炭酸が起こる．

174　3-オキソカルボン酸エステルのアルキル化，加水分解，脱炭酸（2）　目安時間 10 分

983. $H_3CCOCH_2COOC_2H_5$ $\xrightarrow[\text{2) }CH_3Br]{\text{1) }C_2H_5O^-}$ $\xrightarrow[\Delta]{H^+/H_2O}$

984. $C_2H_5COCH_2COOC_2H_5$ $\xrightarrow[\text{2) }CH_3Br]{\text{1) }C_2H_5O^-}$ $\xrightarrow[\Delta]{H^+/H_2O}$

985. $H_3CCOCH_2COOC_2H_5$ $\xrightarrow[\text{2) }C_6H_5CH_2Br]{\text{1) }C_2H_5O^-}$ $\xrightarrow[\Delta]{H^+/H_2O}$

986. $C_2H_5COCH_2COOC_2H_5$ $\xrightarrow[\text{2) }C_6H_5CH_2Br]{\text{1) }C_2H_5O^-}$ $\xrightarrow[\Delta]{H^+/H_2O}$

987. $PhCOCH_2COOC_2H_5$ $\xrightarrow[\text{2) }CH_3Br]{\text{1) }C_2H_5O^-}$ $\xrightarrow[\Delta]{H^+/H_2O}$

988. $PhCOCH_2COOC_2H_5$ $\xrightarrow[\text{2) }C_2H_5Br]{\text{1) }C_2H_5O^-}$ $\xrightarrow[\Delta]{H^+/H_2O}$

! *Hint*：アルキル化を1回して，加水分解，さらに脱炭酸が起こる．

175　マロン酸ジエステルのアルキル化，加水分解，脱炭酸（1）　目安時間 10 分

989. $C_2H_5OCOCH_2COOC_2H_5$ $\xrightarrow[\text{2) }CH_3Br]{\text{1) }C_2H_5O^-}$ $\xrightarrow[\text{2) }CH_3Br]{\text{1) }C_2H_5O^-}$ $\xrightarrow[\Delta]{H^+/H_2O}$

990. $C_2H_5OCOCH_2COOC_2H_5$ $\xrightarrow[\text{2) }CH_3Br]{\text{1) }C_2H_5O^-}$ $\xrightarrow[\text{2) }C_2H_5Br]{\text{1) }C_2H_5O^-}$ $\xrightarrow[\Delta]{H^+/H_2O}$

991. $C_2H_5OCOCH_2COOC_2H_5$ $\xrightarrow[\text{2) }C_2H_5Br]{\text{1) }C_2H_5O^-}$ $\xrightarrow[\text{2) }C_2H_5Br]{\text{1) }C_2H_5O^-}$ $\xrightarrow[\Delta]{H^+/H_2O}$

992. $C_2H_5OCOCH_2COOC_2H_5$ $\xrightarrow[\text{2) }C_6H_5CH_2Br]{\text{1) }C_2H_5O^-}$ $\xrightarrow[\text{2) }C_6H_5CH_2Br]{\text{1) }C_2H_5O^-}$ $\xrightarrow[\Delta]{H^+/H_2O}$

! *Hint*：アルキル化を2回して，加水分解，さらに脱炭酸が起こる．

176 マロン酸ジエステルのアルキル化，加水分解，脱炭酸（2）

目安時間  分

993. $C_2H_5OC(=O)CH_2C(=O)OC_2H_5$ $\xrightarrow[\text{2) } CH_3Br]{\text{1) } C_2H_5O^-}$ $\xrightarrow[\Delta]{H^+/H_2O}$

994. $C_2H_5OC(=O)CH_2C(=O)OC_2H_5$ $\xrightarrow[\text{2) } C_2H_5Br]{\text{1) } C_2H_5O^-}$ $\xrightarrow[\Delta]{H^+/H_2O}$

995. $C_2H_5OC(=O)CH_2C(=O)OC_2H_5$ $\xrightarrow[\text{2) } (CH_3)_2CHBr]{\text{1) } C_2H_5O^-}$ $\xrightarrow[\Delta]{H^+/H_2O}$

996. $C_2H_5OC(=O)CH_2C(=O)OC_2H_5$ $\xrightarrow[\text{2) } C_6H_5CH_2Br]{\text{1) } C_2H_5O^-}$ $\xrightarrow[\Delta]{H^+/H_2O}$

! *Hint*：アルキル化を1回して，加水分解，さらに脱炭酸が起こる．

177 Robinson 環化

目安時間  分

997. $H_3C\text{–}C(=O)\text{–}CH_3$ + $CH_2{=}CH\text{–}C(=O)\text{–}CH_3$ $\xrightarrow[\text{マイケル付加}]{HO^-}$ $\xrightarrow[\text{分子内aldol付加}]{HO^-}$ $\xrightarrow[\Delta]{HO^-}$

998. シクロヘキサノン + $CH_2{=}CH\text{–}C(=O)\text{–}CH_3$ $\xrightarrow[\text{マイケル付加}]{HO^-}$ $\xrightarrow[\text{分子内aldol付加}]{HO^-}$ $\xrightarrow[\Delta]{HO^-}$

999. シクロヘキサノン + $CH_2{=}CH\text{–}C(=O)\text{–}CH_2CH_3$ $\xrightarrow[\text{マイケル付加}]{HO^-}$ $\xrightarrow[\text{分子内aldol付加}]{HO^-}$ $\xrightarrow[\Delta]{HO^-}$

1000. シクロペンタノン + $CH_2{=}CH\text{–}C(=O)\text{–}CH_2CH_3$ $\xrightarrow[\text{マイケル付加}]{HO^-}$ $\xrightarrow[\text{分子内aldol付加}]{HO^-}$ $\xrightarrow[\Delta]{HO^-}$

! *Hint*：今まで学んだ反応の集大成．マイケル付加，分子内アルドール反応，さらに脱水を経て，2-シクロヘキセノン骨格ができる．

【達成度チェックシート】

取り組んだ問題のマスに次のルールに従ってチェックを入れてみよう.

- マスに斜線がある場合は線をなぞる.
- それ以外の場合は塗りつぶす.

1	2	3	4	5	6	7	8	9	10	11	12	13	14	15	16	17	18	19	20	21	22	23	24	25	26	27	28	29	30
31	32	33	34	35	36	37	38	39	40	41	42	43	44	45	46	47	48	49	50	51	52	53	54	55	56	57	58	59	60
61	62	63	64	65	66	67	68	69	70	71	72	73	74	75	76	77	78	79	80	81	82	83	84	85	86	87	88	89	90
91	92	93	94	95	96	97	98	99	100	101	102	103	104	105	106	107	108	109	110	111	112	113	114	115	116	117	118	119	120
121	122	123	124	125	126	127	128	129	130	131	132	133	134	135	136	137	138	139	140	141	142	143	144	145	146	147	148	149	150
151	152	153	154	155	156	157	158	159	160	161	162	163	164	165	166	167	168	169	170	171	172	173	174	175	176	177	178	179	180
181	182	183	184	185	186	187	188	189	190	191	192	193	194	195	196	197	198	199	200	201	202	203	204	205	206	207	208	209	210
211	212	213	214	215	216	217	218	219	220	221	222	223	224	225	226	227	228	229	230	231	232	233	234	235	236	237	238	239	240
241	242	243	244	245	246	247	248	249	250	251	252	253	254	255	256	257	258	259	260	261	262	263	264	265	266	267	268	269	270
271	272	273	274	275	276	277	278	279	280	281	282	283	284	285	286	287	288	289	290	291	292	293	294	295	296	297	298	299	300
301	302	303	304	305	306	307	308	309	310	311	312	313	314	315	316	317	318	319	320	321	322	323	324	325	326	327	328	329	330
331	332	333	334	335	336	337	338	339	340	341	342	343	344	345	346	347	348	349	350	351	352	353	354	355	356	357	358	359	360
361	362	363	364	365	366	367	368	369	370	371	372	373	374	375	376	377	378	379	380	381	382	383	384	385	386	387	388	389	390
391	392	393	394	395	396	397	398	399	400	401	402	403	404	405	406	407	408	409	410	411	412	413	414	415	416	417	418	419	420
421	422	423	424	425	426	427	428	429	430	431	432	433	434	435	436	437	438	439	440	441	442	443	444	445	446	447	448	449	450
451	452	453	454	455	456	457	458	459	460	461	462	463	464	465	466	467	468	469	470	471	472	473	474	475	476	477	478	479	480
481	482	483	484	485	486	487	488	489	490	491	492	493	494	495	496	497	498	499	500	501	502	503	504	505	506	507	508	509	510
511	512	513	514	515	516	517	518	519	520	521	522	523	524	525	526	527	528	529	530	531	532	533	534	535	536	537	538	539	540
541	542	543	544	545	546	547	548	549	550	551	552	553	554	555	556	557	558	559	560	561	562	563	564	565	566	567	568	569	570
571	572	573	574	575	576	577	578	579	580	581	582	583	584	585	586	587	588	589	590	591	592	593	594	595	596	597	598	599	600
601	602	603	604	605	606	607	608	609	610	611	612	613	614	615	616	617	618	619	620	621	622	623	624	625	626	627	628	629	630
631	632	633	634	635	636	637	638	639	640	641	642	643	644	645	646	647	648	649	650	651	652	653	654	655	656	657	658	659	660
661	662	663	664	665	666	667	668	669	670	671	672	673	674	675	676	677	678	679	680	681	682	683	684	685	686	687	688	689	690
691	692	693	694	695	696	697	698	699	700	701	702	703	704	705	706	707	708	709	710	711	712	713	714	715	716	717	718	719	720
721	722	723	724	725	726	727	728	729	730	731	732	733	734	735	736	737	738	739	740	741	742	743	744	745	746	747	748	749	750
751	752	753	754	755	756	757	758	759	760	761	762	763	764	765	766	767	768	769	770	771	772	773	774	775	776	777	778	779	780
781	782	783	784	785	786	787	788	789	790	791	792	793	794	795	796	797	798	799	800	801	802	803	804	805	806	807	808	809	810
811	812	813	814	815	816	817	818	819	820	821	822	823	824	825	826	827	828	829	830	831	832	833	834	835	836	837	838	839	840
841	842	843	844	845	846	847	848	849	850	851	852	853	854	855	856	857	858	859	860	861	862	863	864	865	866	867	868	869	870
871	872	873	874	875	876	877	878	879	880	881	882	883	884	885	886	887	888	889	890	891	892	893	894	895	896	897	898	899	900
901	902	903	904	905	906	907	908	909	910	911	912	913	914	915	916	917	918	919	920	921	922	923	924	925	926	927	928	929	930
931	932	933	934	935	936	937	938	939	940	941	942	943	944	945	946	947	948	949	950	951	952	953	954	955	956	957	958	959	960
961	962	963	964	965	966	967	968	969	970	971	972	973	974	975	976	977	978	979	980	981	982	983	984	985	986	987	988	989	990
991	992	993	994	995	996	997	998	999	1000																				

著者紹介

矢野　将文（やの　まさふみ）

1971 年　和歌山県生まれ
1997 年　大阪市立大学大学院理学研究科
　　　　　博士後期課程中途退学
現　在　関西大学化学生命工学部准教授
専　門　構造有機化学
博士（理学）　1998 年大阪市立大学

有機化学 1000 本ノック　反応生成物編

第 1 版　第 1 刷　2021 年 6 月 8 日
　　　　第 2 刷　2024 年 3 月 1 日

検印廃止

著　　者　矢野　将文
発 行 者　曽根　良介
発 行 所　㈱化学同人

〒600-8074　京都市下京区仏光寺通柳馬場西入ル
編集部　TEL 075-352-3711　FAX 075-352-0371
営業部　TEL 075-352-3373　FAX 075-351-8301
振　替　01010-7-5702
e-mail　webmaster@kagakudojin.co.jp
URL　https://www.kagakudojin.co.jp

JCOPY 〈出版者著作権管理機構委託出版物〉
本書の無断複写は著作権法上での例外を除き禁じられています．複写される場合は，そのつど事前に，出版者著作権管理機構（電話 03-5244-5088，FAX 03-5244-5089，e-mail: info@jcopy.or.jp）の許諾を得てください．

本書のコピー，スキャン，デジタル化などの無断複製は著作権法上での例外を除き禁じられています．本書を代行業者などの第三者に依頼してスキャンやデジタル化することは，たとえ個人や家庭内の利用でも著作権法違反です．

印刷・製本　創栄図書印刷㈱

Printed in Japan　©M. Yano　2021　無断転載・複製を禁ず
ISBN978-4-7598-2068-3
乱丁·落丁本は送料小社負担にてお取りかえいたします．

有機化学 1000 本ノック　反応生成物編
解答・解法【別冊】

1章　アルケンの反応

1 アルケンへのハロゲン化水素の付加（1）

解法：アルケンの二重結合のうち，一本が開いて，水素原子とハロゲン原子が結合し，ハロゲン化アルキルが生成する．左右対称なアルケンでは，生成物は一種類になる．一方，左右非対称なアルケンでは，どちらの炭素に水素原子が，どちらの炭素にハロゲン原子が結合するかを考えよう（マルコフニコフ則）．

（1）H_3C-CH_2Cl

（2）H_3C-CH_2Br

（3）H_3C-CH_2I

（4）$CH_3-CH(Cl)-CH_3$

（5）$CH_3-CH(Br)-CH_3$

（6）$CH_3-CH(I)-CH_3$

（7）$CH_3-CH_2-CH(Cl)-CH_3$

（8）$CH_3-CH_2-CH(Br)-CH_3$

（9）$CH_3-CH_2-CH(I)-CH_3$

2 アルケンへのハロゲン化水素の付加（2）

解法：アルケンの二重結合のうち，一本が開いて，水素原子とハロゲン原子が結合し，ハロゲン化アルキルが生成する．左右非対称なアルケンでは，どちらの炭素に水素原子が，どちらの炭素にハロゲン原子が結合するかを考えよう．環状アルケンも，鎖状アルケンと同様に考える．

（10）$H_3C-C(CH_3)(Cl)-CH_3$

（11）$H_3C-C(CH_3)(Br)-CH_3$

（12）$H_3C-C(CH_3)(I)-CH_3$

（13）シクロペンタン環：隣接する炭素に H と Cl

（14）シクロペンタン環：隣接する炭素に H と Br

（15）シクロペンタン環：隣接する炭素に H と I

（16）シクロヘキサン環：隣接する炭素に H と Cl

（17）シクロヘキサン環：隣接する炭素に H と Br

（18）シクロヘキサン環：隣接する炭素に H と I

3 アルケンへのハロゲン化水素の付加（3）

解法：環状アルケンも，鎖状アルケンと同様に考える．左右非対称なアルケンでは，どちらの炭素に水素原子が，どちらの炭素にハロゲン原子が結合するかを考えよう．省略されて書かれていない sp^2 炭素上の水素原子がいくつあるかを考えよう．

（19）シクロペンタン環：同一炭素に Cl と CH_3

（20）シクロペンタン環：同一炭素に Br と CH_3

(21) I, CH_3

(22) Cl, CH_3

(23) Br, CH_3

(24) I, CH_3

4 アルケンへの酸触媒水付加（1）

解法：アルケンの二重結合のうち，一本が開いて，水素原子とヒドロキシ基が結合し，アルコールが生成する．左右対称なアルケンでは，生成物は一種類になる．一方，左右非対称なアルケンでは，どちらの炭素に水素原子が，どちらの炭素にヒドロキシ基が結合するかを考えよう．

(25) H_3C-CH_2OH

(26) $CH_3-CH(OH)-CH_3$

(27) $CH_3-CH_2-CH(OH)-CH_3$

(28) $CH_3-CH_2-CH_2-CH(OH)-CH_3$

(29) $CH_3-CH_2-CH_2-CH_2-CH(OH)-CH_3$

5 アルケンへの酸触媒水付加（2）

解法：アルケンの二重結合のうち一本が開いて，水素原子とヒドロキシ基が結合し，アルコールが生成する．左右非対称なアルケンでは，どちらの炭素に水素原子が，どちらの炭素にヒドロキシ基が結合するかを考えよう．環状アルケンも，鎖状アルケンと同様に考える

(30) $H_3C-C(CH_3)(OH)-CH_3$

(31) $H_3C-C(CH_3)(OH)-CH_2-CH_3$

(32) $CH_3-CH_2-C(CH_3)(OH)-CH_3$

(33) $CH_3-CH_2-C(CH_3)(OH)-CH_2-CH_3$

(34) OH, H

(35) OH, H

6 アルケンへの酸触媒水付加（3）

解法：環状アルケンも，鎖状アルケンと同様に考える．左右非対称なアルケンでは，どちらの炭素に水素原子が，どちらの炭素にヒドロキシ基が結合するかを考えよう．省略されて書かれていない sp^2 炭素上の水素原子がいくつあるかを考えよう．

(36) OH, CH_3, H

(37) OH, CH_3, H

(38) OH, CH_2CH_3, H

(39) OH, CH_2CH_3, H

(40) OH, CH_3, H_3C, H

(41) OH, CH_3, H, CH_3

7 カルボカチオンの転位（1）

解法：正電荷をもつ炭素原子にいくつの水素原子が結合しているかを考える．この正電荷をもつ炭素原子に隣接する炭素原子上の水素もしくはメチル基を正電荷のある位置に移動させたとき，より級数の高いカルボカチオンが生成するかを考える．

(42) $CH_3-\overset{+}{C}H-CH_3$

(43) $CH_3-\overset{+}{C}H-CH_2-CH_3$

(44) 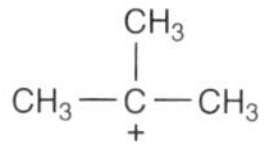 $CH_3-\overset{+}{C}(CH_3)-CH_3$

(45) 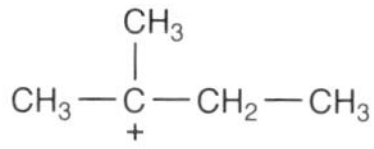 $CH_3-\overset{+}{C}(CH_3)-CH_2-CH_3$

(46) 転位しない

(47) 転位しない

(48) 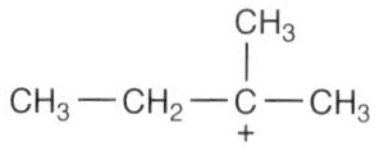 $CH_3-CH_2-\overset{+}{C}(CH_3)-CH_3$

(49) 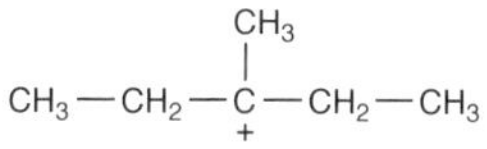 $CH_3-CH_2-\overset{+}{C}(CH_3)-CH_2-CH_3$

(50) 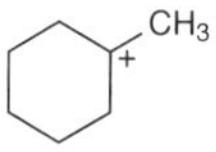 CH_3 $+$

(51) 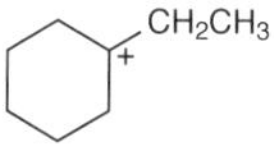 CH_2CH_3 $+$

(52) 転位しない

(53) 転位しない

8 カルボカチオンの転位（2）

解法：正電荷をもつ炭素原子にいくつの水素原子が結合しているかを考える．この正電荷をもつ炭素原子に隣接する炭素原子上のメチル基を正電荷のある位置に移動させたとき，より級数の高いカルボカチオンが生成するかを考える．

(54) 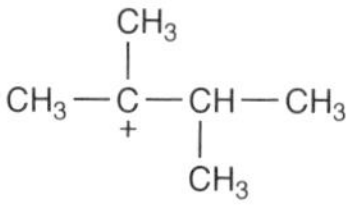 $CH_3-\overset{+}{C}(CH_3)-CH(CH_3)-CH_3$

(55) 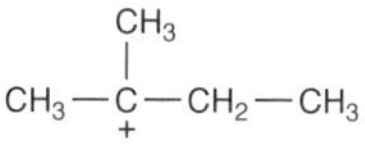 $CH_3-\overset{+}{C}(CH_3)-CH_2-CH_3$

(56) 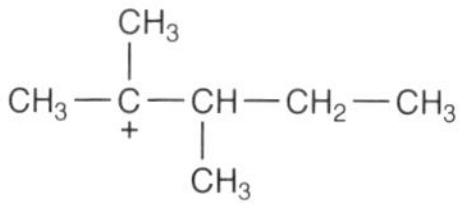 $CH_3-\overset{+}{C}(CH_3)-CH(CH_3)-CH_2-CH_3$

(57) 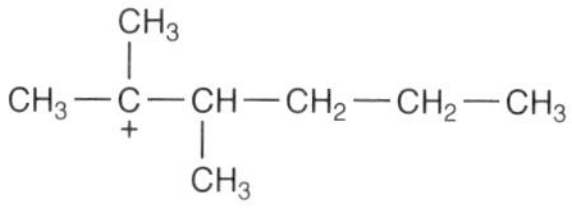 $CH_3-\overset{+}{C}(CH_3)-CH(CH_3)-CH_2-CH_2-CH_3$

9 カルボカチオンの転位（3）

解法：正電荷をもつ炭素原子にいくつの水素原子が結合しているかを考える．この正電荷をもつ炭素原子に隣接する炭素原子上の水素もしくはメチル基を正電荷のある位置に移動させたとき，より級数の高いカルボカチオンが生成するかを考える．

(58) 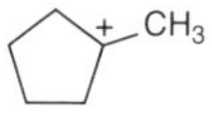 $+$ CH_3

(59) 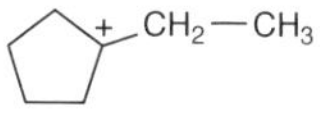 $+$ CH_2-CH_3

(60) 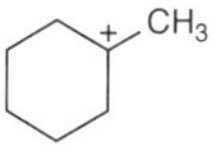 $+$ CH_3

(61) 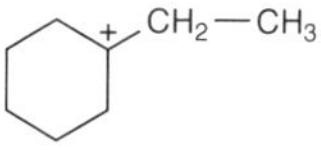 $+$ CH_2-CH_3

(62) 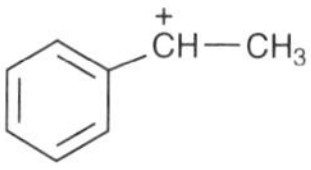 $\overset{+}{C}H-CH_3$

10 アルケンへのハロゲン付加（1）

解法：アルケンの二重結合のうち一本が開いて，ハロゲン原子が二つ結合し，ジハロゲン化物が生成する．

(63) 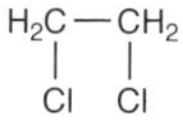 $H_2C(Cl)-CH_2(Cl)$

(64) 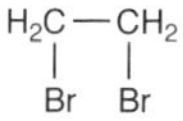 $H_2C(Br)-CH_2(Br)$

(65) 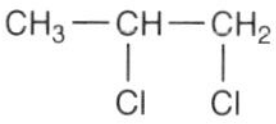 $CH_3-CH(Cl)-CH_2(Cl)$

(66) 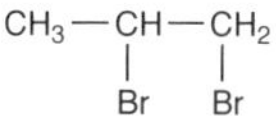 $CH_3-CH(Br)-CH_2(Br)$

(67) 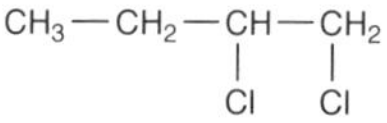 $CH_3-CH_2-CH(Cl)-CH_2(Cl)$

(68) 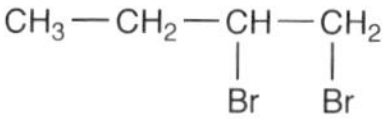 $CH_3-CH_2-CH(Br)-CH_2(Br)$

(69) 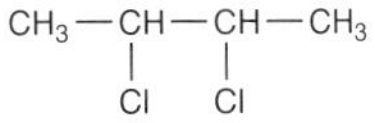 $CH_3-CH-CH-CH_3$
Cl　Cl

(70) 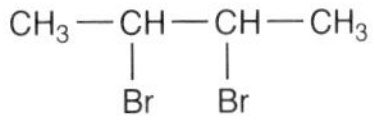 $CH_3-CH-CH-CH_3$
Br　Br

(71) 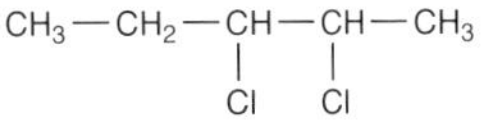 $CH_3-CH_2-CH-CH-CH_3$
Cl　Cl

(72) 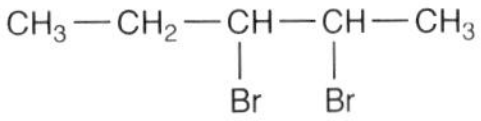 $CH_3-CH_2-CH-CH-CH_3$
Br　Br

11 アルケンへのハロゲン付加（2）

解法：アルケンの二重結合のうち一本が開いて，ハロゲン原子が二つ結合し，ジハロゲン化物が生成する．環状アルケンの場合も同様に考える．

(73) 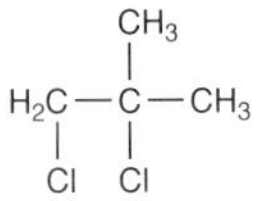 CH_3
$H_2C-C-CH_3$
Cl　Cl

(74) 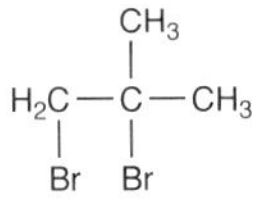 CH_3
$H_2C-C-CH_3$
Br　Br

(75) 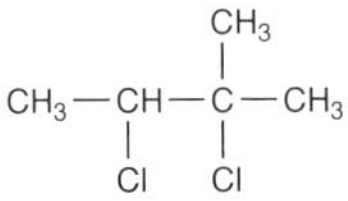 CH_3
$CH_3-CH-C-CH_3$
Cl　Cl

(76) 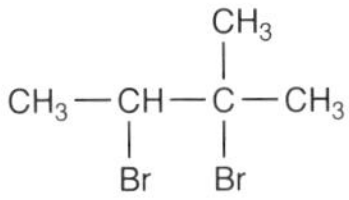 CH_3
$CH_3-CH-C-CH_3$
Br　Br

(77) 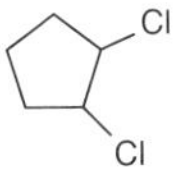 Cl
Cl

(78) 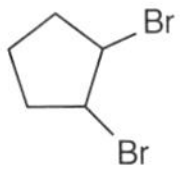 Br
Br

(79) 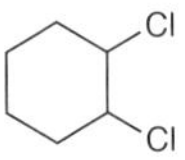 Cl
Cl

(80) 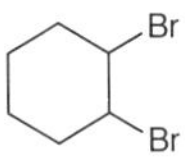 Br
Br

12 アルケンへのハロゲン付加（3）

解法：アルケンの二重結合のうち一本が開いて，ハロゲン原子が二つ結合し，ジハロゲン化物が生成する．環状アルケンの場合も同様に考える．

(81) 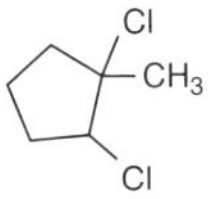 Cl
CH_3
Cl

(82) 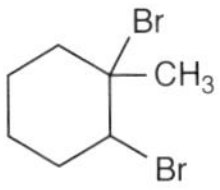 Br
CH_3
Br

(83) 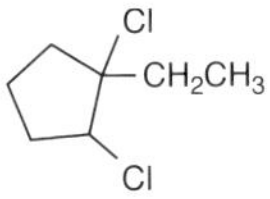 Cl
CH_2CH_3
Cl

(84) 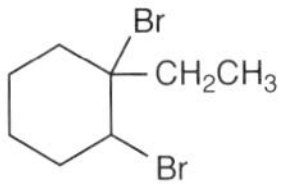 Br
CH_2CH_3
Br

(85) 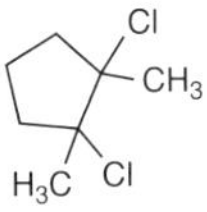 Cl
CH_3
H_3C　Cl

(86) 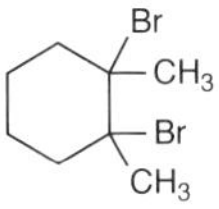 Br
CH_3
Br
CH_3

13 アルケンからハロヒドリン生成（1）

解法：アルケンの二重結合のうち一本が開いて，ハロゲン原子とヒドロキシ基が結合し，ハロヒドリン（ハロゲンとヒドロキシ基をもつ化合物）が生成する．左右非対称なアルケンでは，どちらの炭素にハロゲン原子が，どちらの炭素にヒドロキシ基が結合するかを考えよう．

(87) 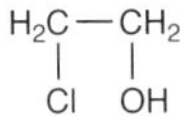 H_2C-CH_2
Cl　OH

(88) 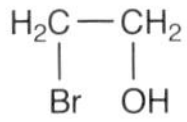 H_2C-CH_2
Br　OH

(89) 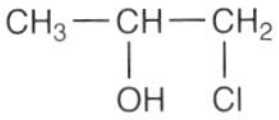 $CH_3-CH-CH_2$
OH　Cl

(90) 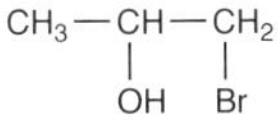 $CH_3-CH-CH_2$
OH　Br

(91) 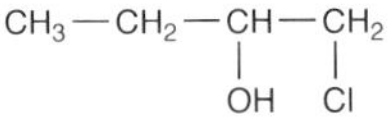 $CH_3-CH_2-CH-CH_2$
OH　Cl

(92) 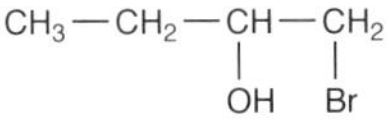 $CH_3-CH_2-CH-CH_2$
OH　Br

(93) 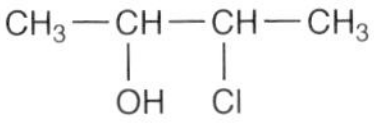 $CH_3-CH-CH-CH_3$
OH　Cl

(94) 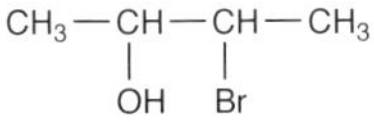 $CH_3-CH-CH-CH_3$
OH　Br

(95) 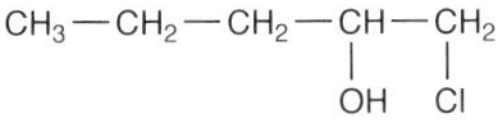 $CH_3-CH_2-CH_2-CH-CH_2$
OH　Cl

(96) $CH_3-CH_2-CH_2-CH(OH)-CH_2Br$

14 アルケンからハロヒドリン生成（2）

解法：アルケンの二重結合のうち一本が開いて，ハロゲン原子とヒドロキシ基が結合し，ハロヒドリンが生成する．左右非対称なアルケンでは，どちらの炭素に水素原子が，どちらの炭素にヒドロキシ基が結合するかを考えよう．環状アルケンも，鎖状アルケンと同様に考える．

(97) $H_2C(Cl)-C(CH_3)(OH)-CH_3$

(98) $H_2C(Br)-C(CH_3)(OH)-CH_3$

(99) $CH_3-CH(Cl)-C(CH_3)(OH)-CH_3$

(100) $CH_3-CH(Br)-C(CH_3)(OH)-CH_3$

(101) OH, Cl

(102) OH, Br

(103) OH, Cl

(104) OH, Br

15 アルケンからハロヒドリン生成（3）

解法：環状アルケンも，鎖状アルケンと同様に考える．左右非対称なアルケンでは，どちらの炭素にハロゲン原子が，どちらの炭素にヒドロキシ基が結合するかを考えよう．省略されて書かれていない sp^2 炭素上の水素原子がいくつあるかを考えよう．

(105) OH, CH_3, Cl

(106) OH, CH_3, Br

(107) OH, CH_2CH_3, Cl

(108) OH, CH_2CH_3, Br

(109) OH, CH_3, H_3C, Cl

(110) OH, CH_3, Br, CH_3

16 エタノール付加によるアルケンからのハロエーテル生成（1）

解法：アルケンの二重結合のうち一本が開いて，ハロゲン原子とエタノール由来のエトキシ基が結合し，ハロエーテル（ハロゲンをもつエーテル）が生成する．左右非対称なアルケンでは，どちらの炭素にハロゲン原子が，どちらの炭素にエトキシ基が結合するかを考えよう．

(111) $H_2C(Cl)-CH_2(OC_2H_5)$

(112) $H_2C(Br)-CH_2(OC_2H_5)$

(113) $CH_3-CH(OC_2H_5)-CH_2Cl$

(114) $CH_3-CH(OC_2H_5)-CH_2Br$

(115) $CH_3-CH_2-CH(OC_2H_5)-CH_2Cl$

(116) $CH_3-CH_2-CH(OC_2H_5)-CH_2Br$

(117) $CH_3-CH-CH-CH_3$
C_2H_5O 　 Cl

(118) $CH_3-CH-CH-CH_3$
C_2H_5O 　 Br

(119) $CH_3-CH_2-CH_2-CH-CH_2$
C_2H_5O 　 Cl

(120) $CH_3-CH_2-CH_2-CH-CH_2$
C_2H_5O 　 Br

17 解答エタノール付加によるアルケンからのハロエーテル生成（2）

解法：アルケンの二重結合のうち一本が開いて，ハロゲン原子とエトキシ基が結合し，ハロエーテルが生成する．左右非対称なアルケンでは，どちらの炭素に水素原子が，どちらの炭素にエトキシ基が結合するかを考えよう．環状アルケンも，鎖状アルケンと同様に考える．

(121) CH_3
$H_2C-C-CH_3$
Cl 　 OC_2H_5

(122) CH_3
$H_2C-C-CH_3$
Br 　 OC_2H_5

(123) CH_3
$CH_3-CH-C-CH_3$
Cl 　 OC_2H_5

(124) CH_3
$CH_3-CH-C-CH_3$
Br 　 OC_2H_5

(125) OC_2H_5
Cl

(126) OC_2H_5
Br

(127) OC_2H_5
Cl

(128) OC_2H_5
Br

18 エタノール付加によるアルケンからのハロエーテル生成（3）

解法：アルケンの二重結合のうち一本が開いて，ハロゲン原子とエトキシ基が結合し，ハロエーテルが生成する．左右非対称なアルケンでは，どちらの炭素に水素原子が，どちらの炭素にエトキシ基が結合するかを考えよう．環状アルケンも，鎖状アルケンと同様に考える．

(129) OC_2H_5
CH_3
Cl

(130) OC_2H_5
CH_3
Br

(131) OC_2H_5
CH_2CH_3
Cl

(132) OC_2H_5
CH_2CH_3
Br

(133) OC_2H_5
CH_3
H_3C 　 Cl

(134) OC_2H_5
CH_3
Br
CH_3

19 メタノール付加によるアルケンからのハロエーテル生成（1）

解法：アルケンの二重結合のうち一本が開いて，ハロゲン原子とメタノール由来のメトキシ基が結合し，ハロエーテルが生成する．左右非対称なアルケンでは，どちらの炭素にハロゲン原子が，どちらの炭素にメトキシ基が結合するかを考えよう．

(135) H_2C-CH_2
Cl 　 OCH_3

(136) H_2C-CH_2
Br 　 OCH_3

(137) $CH_3-CH-CH_2$
CH_3O 　 Cl

(138) $CH_3-CH-CH_2$
CH_3O Br

(139) $CH_3-CH_2-CH-CH_2$
CH_3O Cl

(140) $CH_3-CH_2-CH-CH_2$
CH_3O Br

(141) $CH_3-CH-CH-CH_3$
CH_3O Cl

(142) $CH_3-CH-CH-CH_3$
CH_3O Br

(143) $CH_3-CH_2-CH_2-CH-CH_2$
CH_3O Cl

(144) $CH_3-CH_2-CH_2-CH-CH_2$
CH_3O Br

20 メタノール付加によるアルケンからのハロエーテル生成（2）

解法：アルケンの二重結合のうち一本が開いて，ハロゲン原子とメトキシ基が結合し，ハロエーテルが生成する．左右非対称なアルケンでは，どちらの炭素に水素原子が，どちらの炭素にメトキシ基が結合するかを考えよう．環状アルケンも，鎖状アルケンと同様に考える．

(145) CH_3
$H_2C-C-CH_3$
Cl OCH_3

(146) CH_3
$H_2C-C-CH_3$
Br OCH_3

(147) CH_3
$CH_3-CH-C-CH_3$
Cl OCH_3

(148) CH_3
$CH_3-CH-C-CH_3$
Br OCH_3

(149) OCH_3
Cl

(150) OCH_3
Br

(151) OCH_3
Cl

(152) OCH_3
Br

21 メタノール付加によるアルケンからのハロエーテル生成（3）

解法：アルケンの二重結合のうち一本が開いてハロゲン原子とメトキシ基が結合し，ハロエーテルが生成する．左右非対称なアルケンでは，どちらの炭素に水素原子が，どちらの炭素にメトキシ基が結合するかを考えよう．環状アルケンも，鎖状アルケンと同様に考える．

(153) OCH_3
CH_3
Cl

(154) OCH_3
CH_3
Br

(155) OCH_3
CH_2CH_3
Cl

(156) OCH_3
CH_2CH_3
Br

(157) OCH_3
CH_3
H_3C Cl

(158) OCH_3
CH_3
Br
CH_3

22 アルケンの過酸によるエポキシ化（1）

解法：二重結合のうち一本が開いて，過酸由来の酸素原子の橋が架かり，エポキシドになる．

(159) O
H_2C-CH_2

(160) 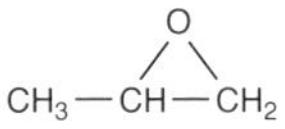 O
$CH_3—CH—CH_2$

(161) 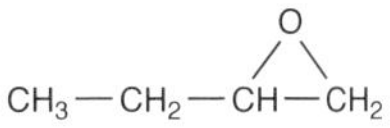 O
$CH_3—CH_2—CH—CH_2$

(162) 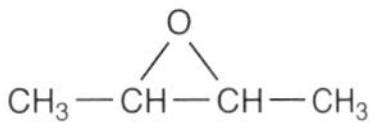 O
$CH_3—CH—CH—CH_3$

(163) 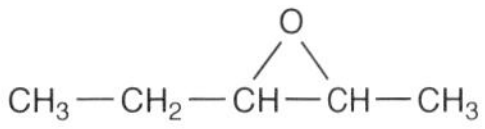 O
$CH_3—CH_2—CH—CH—CH_3$

23 アルケンの過酸によるエポキシ化（2）

解法：二重結合のうち一本が開いて，過酸由来の酸素原子の橋が架かり，エポキシドになる．環状アルケンの場合は二環式の化合物ができる．

(164) 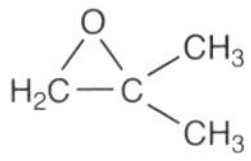 O
$H_2C—C$ CH_3 CH_3

(165) 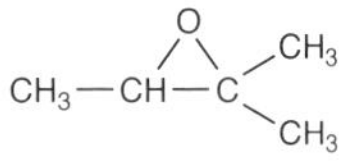 O
$CH_3—CH—C$ CH_3 CH_3

(166) 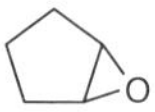 O

(167) 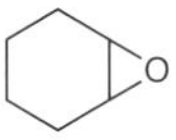 O

24 アルケンの過酸によるエポキシ化（3）

解法：二重結合のうち一本が開いて，過酸由来の酸素原子の橋が架かり，エポキシドになる．環状アルケンの場合は二環式の化合物ができる．

(168) 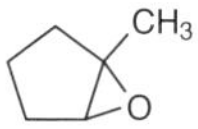 CH_3 O

(169) 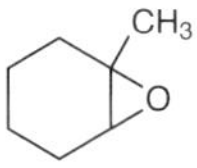 CH_3 O

(170) 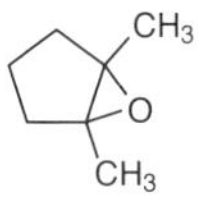 CH_3 O CH_3

(171) 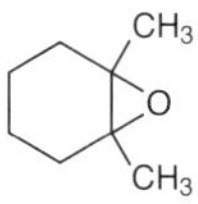 CH_3 O CH_3

25 アルケンのヒドロホウ素化-酸化（1）

ヒント：二重結合のうち一本が開いて，水素とヒドロキシ基が結合する．最初の BH_3 付加において，どちらの炭素原子に水素原子と BH_2 が付加するかで，最終生成物のアルコールのヒドロキシ基の位置が決まる．プロトン存在下での水付加（[4]～[6]）とは水素原子とヒドロキシ基の結合する位置が逆になることに注意．

(172) $CH_3—CH_2OH$

(173) $CH_3—CH_2—CH_2OH$

(174) $CH_3—CH_2—CH_2—CH_2OH$

(175) 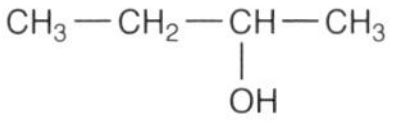 $CH_3—CH_2—CH—CH_3$
OH

(176) $CH_3—CH_2—CH_2—CH_2—CH_2—OH$

26 アルケンのヒドロホウ素化-酸化（2）

ヒント：二重結合のうち一本が開いて，水素とヒドロキシ基が結合する．最初の BH_3 付加において，どちらの炭素原子に水素原子と BH_2 が付加するかで，最終生成物のアルコールのヒドロキシ基の位置が決まる．プロトン存在下での水付加とは水素原子とヒドロキシ基の結合する位置が逆になることに注意．

(177) 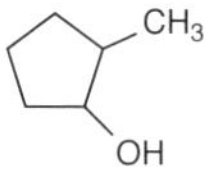 CH_3 OH

(178) 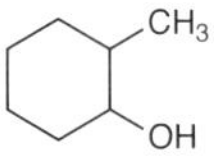 CH_3 OH

(179) 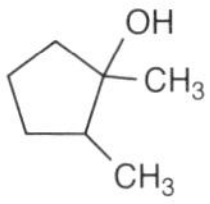 OH CH_3 CH_3

(180) 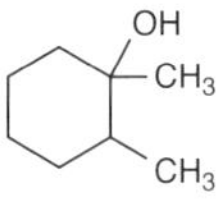 OH CH_3 CH_3

27 アルケンのヒドロホウ素化-酸化（3）

ヒント：二重結合のうち一本が開いて，水素とヒドロキシ基が結合する．最初の BH_3 付加において，どちらの炭素原子に水素原子と BH_2 が付加するかで，最終生成物のアルコールのヒドロキシ基の位置が決まる．プロトン存在下での水付加とは水素原子とヒドロキシ基の結合する位置が逆になることに注意．

(181) 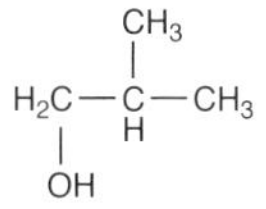 $H_2C(OH)-CH(CH_3)-CH_3$

(182) 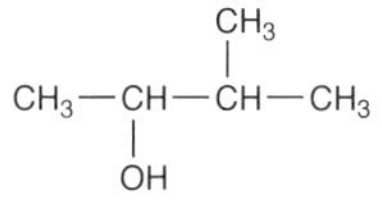 $CH_3-CH(OH)-CH(CH_3)-CH_3$

(183) 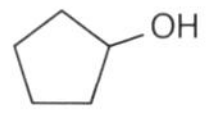 OH

(184) 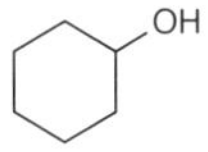 OH

28 白金触媒によるアルケンへの接触還元（1）

解法：アルケンの二重結合のうち一本が開いて，水素原子が二つ結合し，アルカンが生成する．

(185) H_3C-CH_3

(186) $CH_3-CH_2-CH_3$

(187) $CH_3-CH_2-CH_2-CH_3$

(188) $CH_3-CH_2-CH_2-CH_3$

(189) $CH_3-CH_2-CH_2-CH_2-CH_3$

29 白金触媒によるアルケンへの接触還元（2）

解法：アルケンの二重結合のうち一本が開いて，水素原子が二つ結合し，シクロアルカンが生成する．

(190) 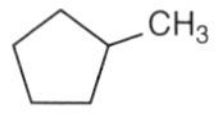 CH_3

(191) 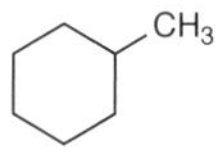 CH_3

(192) 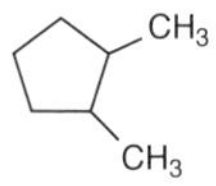 CH_3 CH_3

(193) 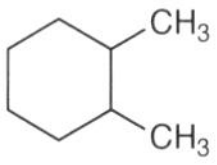 CH_3 CH_3

30 白金触媒によるアルケンへの接触還元（3）

解法：アルケンの二重結合のうち一本が開いて，水素原子が二つ結合し，アルカンもしくはシクロアルカンが生成する．

(194) 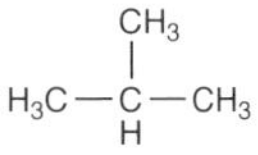 $H_3C-CH(CH_3)-CH_3$

(195) 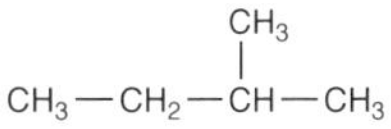 $CH_3-CH_2-CH(CH_3)-CH_3$

(196)

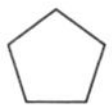

(197)

31 パラジウム触媒によるアルケンへの接触還元（1）

解法：アルケンの二重結合のうち一本が開いて，水素原子が二つ結合し，アルカンが生成する．パラジウムは触媒なので生成物に取り込まれない．

(198) H_3C-CH_3

(199) $CH_3-CH_2-CH_3$

(200) $CH_3-CH_2-CH_2-CH_3$

(201) $CH_3-CH_2-CH_2-CH_3$

(202) $CH_3-CH_2-CH_2-CH_2-CH_3$

32 パラジウム触媒によるアルケンへの接触還元（2）

解法：アルケンの二重結合のうち一本が開いて，水素原子が二つ結合し，シクロアルカンが生成する．パラジウムは触媒なので生成物に取り込まれない．

(203) 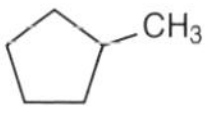 CH_3

(204) 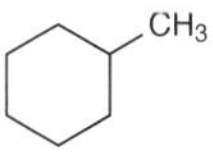 CH_3

(205) 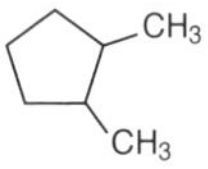 CH_3 CH_3

(206) 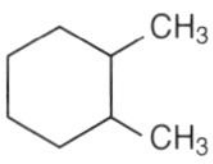 CH_3 CH_3

33 パラジウム触媒によるアルケンへの接触還元（3）

解法：アルケンの二重結合のうち一本が開いて，水素原子が二つ結合し，アルカンもしくはシクロアルカンが生成する．パラジウムは触媒なので生成物に取り込まれない．

(207) $H_3C-CH(CH_3)-CH_3$

(208) $CH_3-CH_2-CH(CH_3)-CH_3$

(209) シクロペンタン（五員環）

(210) シクロヘキサン（六員環）

2章　アルキンの反応

34 アルキンへの塩化水素（1当量）の付加

解法：アルキンの三重結合のうち一本が開いて，水素原子と塩素原子が結合する．左右対称なアルキンでは，生成物は一種類になる．一方，左右非対称なアルキンでは，どちらの炭素に水素原子が，どちらの炭素に塩素原子が結合するかを考えよう．

(211) $H-CCl=CH_2$

(212) $CH_2=CCl-CH_3$

(213) $CH_3-CCl=CH-CH_3$

(214) $CH_3-CH_2-CCl=CH_2$

(215) $CH_3CH_2-CCl=CH-CH_2CH_3$

35 アルキンへの臭化水素（1当量）の付加

解法：アルキンの三重結合のうち，一本が開いて，水素原子と臭素原子が結合する．左右対称なアルキンでは，生成物は一種類になる．一方，左右非対称なアルキンでは，どちらの炭素に水素原子が，どちらの炭素に臭素原子が結合するかを考えよう．

(216) $H-CBr=CH_2$

(217) $CH_2=CBr-CH_3$

(218) $CH_3-CBr=CH-CH_3$

(219) $CH_3-CH_2-CBr=CH_2$

(220) $CH_3CH_2-CBr=CH-CH_2CH_3$

36 アルキンへのハロゲン化水素（1当量）の付加

解法：アルキンの三重結合のうち一本が開いて，水素原子とハロゲン原子が結合する．左右非対称なアルキンなので，どちらの炭素に水素原子が，どちらの炭素にハロゲン原子が結合するかを考えよう．

(221) (シクロペンチル)$-CCl=CH_2$

(222) (シクロヘキシル)$-CCl=CH_2$

(223) (シクロペンチル)$-CBr=CH_2$

(224) (シクロヘキシル)$-CBr=CH_2$

37 アルキンへの塩化水素（2当量）の付加

解法：アルキンの三重結合のうち一本が開いて，水素原子と塩素原子が結合する．その後，もう一度，同じ反応が起きて塩素原子を二つもつ化合物が生成する．二段階反応のそれぞれについて，どちらの炭素に水素原子が，どちらの炭素に塩素原子が結合するかを考えよう．

(225) $H-CCl_2-CH_3$

(226) $CH_3-CCl_2-CH_3$

(227) $CH_3-CCl_2-CH_2CH_3$

(228) $CH_3-CH_2-CCl_2-CH_3$

(229) $CH_3CH_2-CCl_2-CH_2CH_2CH_3$

38 アルキンへの臭化水素（2当量）の付加

解法：アルキンの三重結合のうち一本が開いて，水素原子と臭素原子が結合する．その後，もう一度，同じ反応が起きて臭素原子を二つもつ化合物が生成する．二段階反応のそれぞれについて，どちらの炭素に水素原子が，どちらの炭素に臭素原子が結合するかを考えよう．

(230) $H-CBr_2-CH_3$

(231) $CH_3-CBr_2-CH_3$

(232) $CH_3-CBr_2-CH_2CH_3$

(233) $CH_3-CH_2-CBr_2-CH_3$

(234) $CH_3CH_2-CBr_2-CH_2CH_2CH_3$

39 アルキンへのハロゲン化水素（2 当量）の付加

解法：アルキンの三重結合のうち一本が開いて，水素原子とハロゲン原子が結合する．その後，もう一度，同じ反応が起きてハロゲン原子を二つもつ化合物が生成する．二段階反応のそれぞれについて，どちらの炭素に水素原子が，どちらの炭素にハロゲン原子が結合するかを考えよう．

(235) 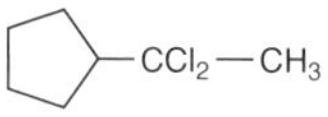 $-CCl_2-CH_3$

(236) 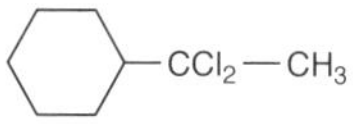 $-CCl_2-CH_3$

(237) 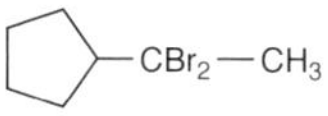 $-CBr_2-CH_3$

(238) 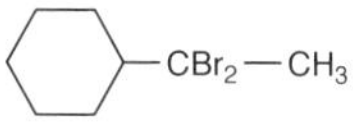 $-CBr_2-CH_3$

40 アルキンへの塩素（1 当量）の付加

解法：アルキンの三重結合のうち一本が開いて，二つの塩素原子が結合する．

(239) $H-CCl=CHCl$

(240) $ClHC=CCl-CH_3$

(241) $CH_3-CCl=CCl-CH_3$

(242) $CH_3-CH_2-CCl=CHCl$

(243) $CH_3CH_2-CCl=CCl-CH_2CH_3$

41 アルキンへの臭素（1 当量）の付加

解法：アルキンの三重結合のうち一本が開いて，二つの臭素原子が結合する．

(244) $H-CBr=CHBr$

(245) $BrHC=CBr-CH_3$

(246) $CH_3-CBr=CBr-CH_3$

(247) $CH_3-CH_2-CBr=CHBr$

(248) $CH_3CH_2-CBr=CBr-CH_2CH_3$

42 アルキンへのハロゲン（1 当量）の付加

解法：アルキンの三重結合のうち一本が開いて，二つのハロゲン原子が結合する．

(249) 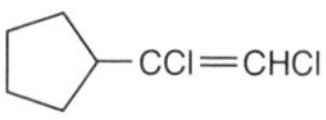 $-CCl=CHCl$

(250) 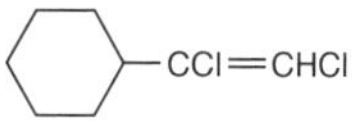 $-CCl=CHCl$

(251) 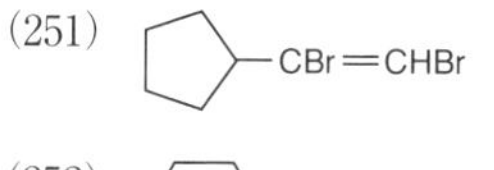

(252) 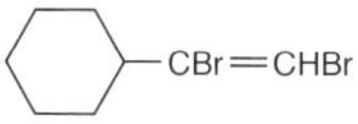 $-CBr=CHBr$

43 アルキンへの塩素（2 当量）の付加

解法：アルキンの三重結合のうち一本が開いて，二つの塩素原子が結合する．その後，もう一度，同じ反応が起きて塩素原子を四つもつ化合物が生成する．

(253) $H-CCl_2-CHCl_2$

(254) $Cl_2HC-CCl_2-CH_3$

(255) $CH_3-CCl_2-CCl_2-CH_3$

(256) $CH_3-CH_2-CCl_2-CHCl_2$

(257) $CH_3CH_2-CCl_2-CCl_2-CH_2CH_3$

44 アルキンへの臭素（2 当量）の付加

解法：アルキンの三重結合のうち一本が開いて，二つの臭素原子が結合する．その後，もう一度，同じ反応が起きて臭素原子を四つもつ化合物が生成する．

(258) $Br_2HC-CHBr_2$

(259) $Br_2HC-CBr_2-CH_3$

(260) $CH_3-CBr_2-CBr_2-CH_3$

(261) $CH_3-CH_2-CBr_2-CHBr_2$

(262) $CH_3CH_2-CBr_2-CBr_2-CH_2CH_3$

45 アルキンへのハロゲン（2 当量）の付加

解法：アルキンの三重結合のうち一本が開いて，二つのハロゲン原子が結合する．その後，もう一度，同じ反応が起きてハロゲン原子を四つもつ化合物が生成する．

(263) 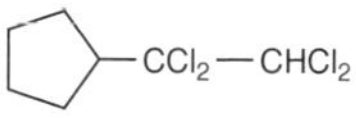 $-CCl_2-CHCl_2$

(264) 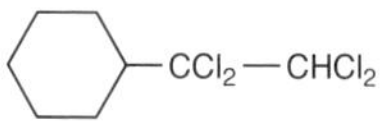 $-CCl_2-CHCl_2$

(265) 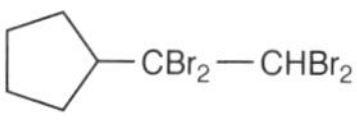 $-CBr_2-CHBr_2$

(266) 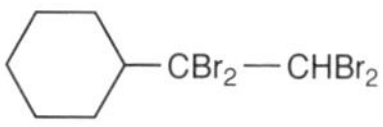 $-CBr_2-CHBr_2$

46 内部アルキンへの水付加によるケトン生成

解法：アルキンの三重結合のうち一本が開いて，水素原子とヒドロキシ基が結合する．生成したビニルアルコールは互変異性化を経て，より安定なケトンになる．

(267) $CH_3-C(=O)-CH_2-CH_3$

(268) $CH_3CH_2-C(=O)-CH_2-CH_2CH_3$

(269) $C_6H_5-C(=O)-CH_2-C_6H_5$

(270) $H_3C-C(CH_3)_2-C(=O)-CH_2-C(CH_3)_2-CH_3$

47 末端アルキンへの水付加によるケトン生成

解法：アルキンの三重結合のうち一本が開いて，水素原子とヒドロキシ基が結合する．生成したビニルアルコールは互変異性化を経て，より安定なケトンになる．

(271) $CH_3-C(=O)-CH_3$

(272) $CH_3CH_2-C(=O)-CH_3$

(273) $C_6H_5-C(=O)-CH_3$

(274) $H_3C-C(CH_3)_2-C(=O)-CH_3$

48 末端アルキンへの水付加によるアルデヒド生成

解法：アルキンの三重結合のうち一本が開いて，水素原子とヒドロキシ基が結合する．プロトン存在下でのアルキンへの水付加とは水素原子とヒドロキシ基の結合する位置が逆になることに注意．生成したビニルアルコールは互変異性化を経て，より安定なアルデヒドになる．

(275) CH_3-CH_2-CHO

(276) $CH_3CH_2-CH_2-CHO$

(277) $C_6H_5-CH_2-CHO$

(278) $H_3C-C(CH_3)_2-CH_2-CHO$

49 白金触媒による内部アルキンへの接触還元

解法：三重結合のうち一本が開いて，二つの水素原子が結合する．さらに，もう一度同じ反応が起きて，アルカンが生成する．

(279) $CH_3-CH_2-CH_2-CH_3$

(280) $CH_3CH_2-CH_2-CH_2-CH_2CH_3$

(281) $C_6H_5-CH_2-CH_2-C_6H_5$

(282) $H_3C-C(CH_3)_2-CH_2-CH_2-C(CH_3)_2-CH_3$

50 白金触媒による末端アルキンへの接触還元

解法：三重結合のうち一本が開いて，二つの水素原子が結合する．さらに，もう一度同じ反応が起きて，アルカンが生成する．

(283) $CH_3-CH_2-CH_3$

(284) $CH_3CH_2-CH_2-CH_3$

(285) $C_6H_5-CH_2-CH_3$

(286) $H_3C-C(CH_3)_2-CH_2-CH_3$

51 リンドラー触媒による内部アルキンへの接触還元

解法：被毒したリンドラー触媒を用いると，三重結合のうち一本が開いて，二つの水素原子が結合して反応は止まる．二つの水素はシス体になるように結合させよう．

(287)
$$\begin{array}{ccc} CH_3 & & CH_3 \\ & C=C & \\ H & & H \end{array}$$

(288)
$$\begin{array}{ccc} CH_3CH_2 & & CH_2CH_3 \\ & C=C & \\ H & & H \end{array}$$

(289)
$$\begin{array}{ccc} C_6H_5 & & C_6H_5 \\ & C=C & \\ H & & H \end{array}$$

(290) $(H_3C)_3C$ / $C(CH_3)_3$ C=C H / H

52 内部アルキンをバーチ還元

解法：バーチ還元条件では，三重結合のうち一本が開いて，二つの水素原子が結合する．二つの水素はトランス体になるように結合させよう．

(291) CH_3 / H C=C H / CH_3

(292) CH_3CH_2 / H C=C H / CH_2CH_3

(293) C_6H_5 / H C=C H / C_6H_5

(294) $(H_3C)_3C$ / H C=C H / $C(CH_3)_3$

53 末端アルキンの増炭反応

解法：アセチレンの sp 炭素に結合した水素原子が強塩基で引き抜かれ，求核体が生成する．負電荷をもつ炭素原子がハロゲン化アルキルを攻撃し，炭素数の増えたアルキンが得られる．

(295) $CH_3-C\equiv C-CH_3$

(296) $CH_3CH_2-C\equiv C-CH_3$

(297) $C_6H_5-C\equiv C-C_2H_5$

(298) $H_3C-C(CH_3)_2-C\equiv C-C_2H_5$

3章　置換反応

54 ハロゲン化アルキルの S_N2 反応（1）

解法：求核体のアルコキシドとヨウ素原子が入れ替わる．これらの化合物は不斉炭素をもたないので，立体異性体については考えなくてよい．

(299) H_3C C—OCH_3 H H

(300) C_2H_5 C—OCH_3 H H

(301) H_3C C—OC_2H_5 H H

(302) C_2H_5 C—OC_2H_5 H H

55 ハロゲン化アルキルの S_N2 反応（2）

解法：求核体のアルコキシドと臭素原子が入れ替わる．これらの化合物は不斉炭素をもたないので，立体異性体については考えなくてよい．

(303) H_3C C—OCH_3 H H

(304) C_2H_5 C—OCH_3 H H

(305) H_3C C—OC_2H_5 H H

(306) C_2H_5 C—OC_2H_5 H H

56 ハロゲン化アルキルの S_N2 反応（3）

解法：求核体のアルコキシドとヨウ素原子が入れ替わる．これらの化合物は不斉炭素をもつので，生成物の立体配置も考える必要がある．

(307) CH_3 H_3CO—C (*R*) H C_2H_5

(308) CH_3 C_2H_5O—C (*R*) H C_2H_5

(309) CH_3 H_3CO—C (*S*) H C_2H_5

(310) CH_3 C_2H_5O—C (*S*) H C_2H_5

57 ハロゲン化アルキルの S_N2 反応（4）

解法：求核体のアルコキシドと臭素原子が入れ替わる．これらの化合物は不斉炭素をもつので，生成物の立体配置も考える必要がある．

(311) CH_3 / H_3CO—C (*R*) / H, C_2H_5

(312) CH_3 / C_2H_5O—C (*R*) / H, C_2H_5

(313) CH_3 / H_3CO—C (*S*) / C_2H_5, H

(314) CH_3 / C_2H_5O—C (*S*) / C_2H_5, H

58 ハロゲン化アルキルの S_N1 反応（1）

解法：求核体のアルコールとヨウ素原子が入れ替わる．S_N1 反応はカルボカチオン経由だが，これらの化合物は不斉炭素をもたないので，立体異性体については考えなくてよい．

(315) H_3C / C—OC_2H_5 / H_3C, CH_3

(316) H_3C / C—OCH_3 / H_3C, CH_3

(317) C_2H_5 / C—OC_2H_5 / H_3C, CH_3

(318) C_2H_5 / C—OCH_3 / H_3C, CH_3

59 ハロゲン化アルキルの S_N1 反応（2）

解法：求核体のアルコールと臭素原子が入れ替わる．S_N1 反応はカルボカチオン経由だが，これらの化合物は不斉炭素をもたないので，立体異性体については考えなくてよい．

(319) H_3C / C—OC_2H_5 / H_3C, CH_3

(320) H_3C / C—OCH_3 / H_3C, CH_3

(321) C_2H_5 / C—OC_2H_5 / H_3C, CH_3

(322) C_2H_5 / C—OCH_3 / H_3C, CH_3

60 ハロゲン化アルキルの S_N1 反応（3）

解法：求核体のアルコールと臭素原子が入れ替わる．これらの化合物は不斉炭素をもつので，生成物の立体配置も考える必要がある．

(323) C_2H_5 / C (*R*)—OC_2H_5 / H_3C, $CH_2CH_2CH_3$ ＋ C_2H_5 / C_2H_5O—C (*S*) / CH_3, $CH_2CH_2CH_3$

(324) C_2H_5 / C (*R*)—OCH_3 / H_3C, $CH_2CH_2CH_3$ ＋ C_2H_5 / CH_3O—C (*S*) / CH_3, $CH_2CH_2CH_3$

(325) H_3C / C (*S*)—OC_2H_5 / C_2H_5, $CH_2CH_2CH_3$ ＋ CH_3 / C_2H_5O—C (*R*) / C_2H_5, $CH_2CH_2CH_3$

(326) H_3C / C (*S*)—OCH_3 / C_2H_5, $CH_2CH_2CH_3$ ＋ CH_3 / CH_3O—C (*R*) / C_2H_5, $CH_2CH_2CH_3$

61 ハロゲン化アルキルの S_N1 反応（4）

解法：求核体のアルコールとヨウ素原子が入れ替わる．これらの化合物は不斉炭素をもつので，生成物の立体配置も考える必要がある．

(327) C_2H_5 / C (*R*)—OC_2H_5 / H_3C, $CH_2CH_2CH_3$ ＋ C_2H_5 / C_2H_5O—C (*S*) / CH_3, $CH_2CH_2CH_3$

(328) C_2H_5 / C (*R*)—OCH_3 / H_3C, $CH_2CH_2CH_3$ ＋ C_2H_5 / CH_3O—C (*S*) / CH_3, $CH_2CH_2CH_3$

(329) H_3C (S) $C-OC_2H_5$ (C_2H_5, $CH_2CH_2CH_3$) + C_2H_5O-C (R) (CH_3, C_2H_5, $CH_2CH_2CH_3$)

(330) H_3C (S) $C-OCH_3$ (C_2H_5, $CH_2CH_2CH_3$) + CH_3O-C (R) (CH_3, C_2H_5, $CH_2CH_2CH_3$)

62 ハロゲン化アルキルからアルコール（S_N2 反応）（1）

解法：求核体の水酸化物イオンとヨウ素原子が入れ替わる．これらの化合物は不斉炭素をもたないので，立体異性体については考えなくてよい．

(331) $HO-C$ (C_2H_5, H, H)

(332) $HO-C$ (CH_3, H, H)

(333) $HO-C$ (C_6H_5, H, H)

(334) $HO-C$ ($CH_2C_6H_5$, H, H)

63 ハロゲン化アルキルからアルコール（S_N2 反応）（2）

解法：求核体の水酸化物イオンと臭素原子が入れ替わる．これらの化合物は不斉炭素をもたないので，立体異性体については考えなくてよい．

(335) $HO-C$ (C_2H_5, H, H)

(336) $HO-C$ (CH_3, H, H)

(337) $HO-C$ (C_6H_5, H, H)

(338) $HO-C$ ($CH_2C_6H_5$, H, H)

64 ハロゲン化アルキルからアルコール（S_N1 反応）（1）

解法：求核体の水とヨウ素原子が入れ替わる．これらの化合物は不斉炭素をもつので，生成物の立体配置も考える必要がある．

(339) $H_3CH_2CH_2C$ (R) $C-OH$ (C_2H_5, CH_3) + $HO-C$ (S) ($CH_2CH_2CH_3$, C_2H_5, CH_3)

(340) C_2H_5 (S) $C-OH$ ($H_3CH_2CH_2C$, CH_3) + $HO-C$ (R) (C_2H_5, $CH_2CH_2CH_3$, CH_3)

(341) $H_3CH_2CH_2C$ (S) $C-OH$ ($(H_3C)_2HC$, CH_3) + $HO-C$ (R) ($CH_2CH_2CH_3$, $CH(CH_3)_2$, CH_3)

(342) $(H_3C)_2HC$ (R) $C-OH$ ($H_3CH_2CH_2C$, CH_3) + $HO-C$ (S) ($CH(CH_3)_2$, $CH_2CH_2CH_3$, CH_3)

65 ハロゲン化アルキルからアルコール（S_N1 反応）（2）

解法：求核体の水と臭素原子が入れ替わる．これらの化合物は不斉炭素をもつので，生成物の立体配置も考える必要がある．

(343) $H_3CH_2CH_2C$ (R) $C-OH$ (C_2H_5, CH_3) + $HO-C$ (S) ($CH_2CH_2CH_3$, C_2H_5, CH_3)

(344) C_2H_5 (S) $C-OH$ ($H_3CH_2CH_2C$, CH_3) + $HO-C$ (R) (C_2H_5, $CH_2CH_2CH_3$, CH_3)

(345) $H_3CH_2CH_2C$ (S) $C-OH$ ($(H_3C)_2HC$, CH_3) + $HO-C$ (R) ($CH_2CH_2CH_3$, $CH(CH_3)_2$, CH_3)

(346) $(H_3C)_2HC$ (R) $C-OH$ ($H_3CH_2CH_2C$, CH_3) + $HO-C$ (S) ($CH(CH_3)_2$, $CH_2CH_2CH_3$, CH_3)

66 ハロゲン化アルキルからアルコール（S_N1 反応）（3）

解法：求核体の水とハロゲン原子が入れ替わる．環状化合物でも考え方は同じ．

(347) CH_3, OH（シクロペンタン環）

(348) 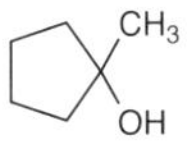 CH_3 OH

(349) 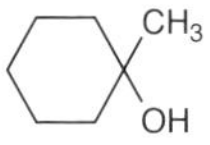 CH_3 OH

(350) 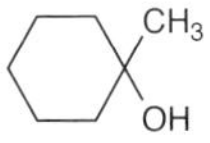 CH_3 OH

67 ハロゲン化アルキルからエーテル（S_N1 反応）

解法：求核体のアルコールとハロゲン原子が入れ替わる．環状化合物でも考え方は同じ．

(351) 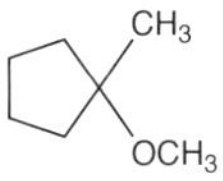 CH_3 OCH_3

(352) 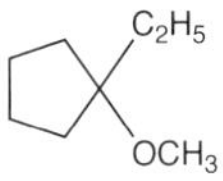 C_2H_5 OCH_3

(353) 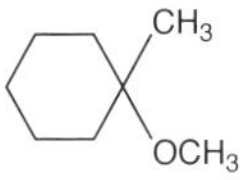 CH_3 OCH_3

(354) 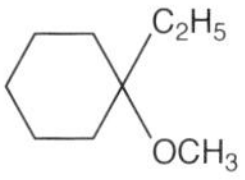 C_2H_5 OCH_3

68 二置環シクロヘキサンの S_N2 反応（１）

解法：求核体のアルコキシドと臭素原子が入れ替わる．置換基のアキシャル，エカトリアルに注意しよう（反応が起こった炭素原子周りの立体をわかりやすく示すため，生成物の構造は最安定配座でない可能性がある）．

(355) 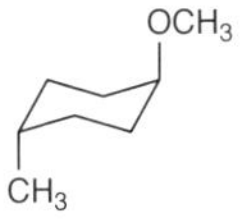 OCH_3 CH_3

(356)  OCH_3 H_3C

(357) 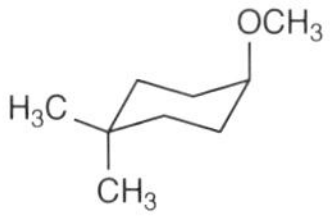 OCH_3 H_3C CH_3

(358) 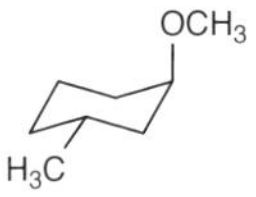 OCH_3 H_3C

(359) 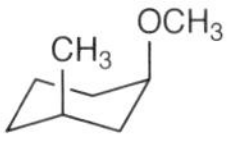 CH_3 OCH_3

69 二置環シクロヘキサンの S_N2 反応（２）

解法：求核体のアルコキシドと臭素原子が入れ替わる．置換基のアキシャル，エカトリアルに注意しよう（反応が起こった炭素原子周りの立体をわかりやすく示すため，生成物の構造は最安定配座でない可能性がある）．

(360) 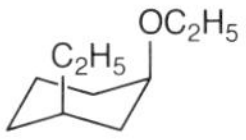 C_2H_5 OC_2H_5

(361) 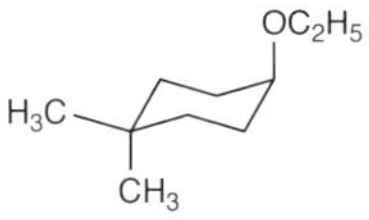 OC_2H_5 H_3C CH_3

(362) 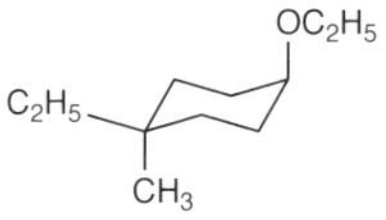 OC_2H_5 C_2H_5 CH_3

(363) 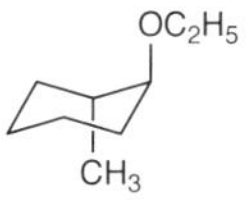 OC_2H_5 CH_3

(364) 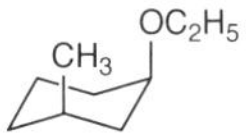 CH_3 OC_2H_5

70 二置環シクロヘキサンの S_N1 反応（１）

解法：求核体のアルコールと臭素原子が入れ替わる．カルボカチオンを経由する S_N1 反応なので，二種類の立体異性体が生成する可能性を忘れないようにしよう．

(365) 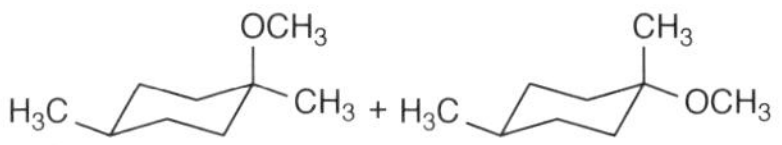 H_3C OCH_3 CH_3 + H_3C CH_3 OCH_3

(366) 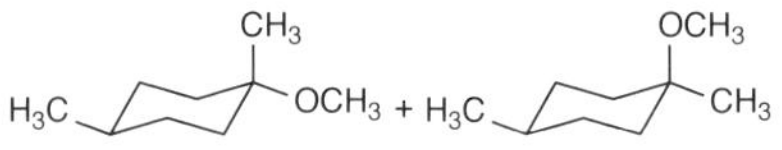 H_3C CH_3 OCH_3 + H_3C OCH_3 CH_3

(367)

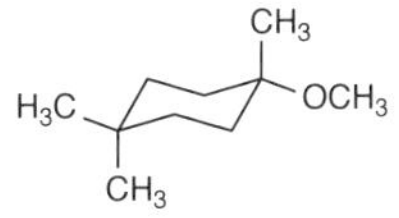

(368)

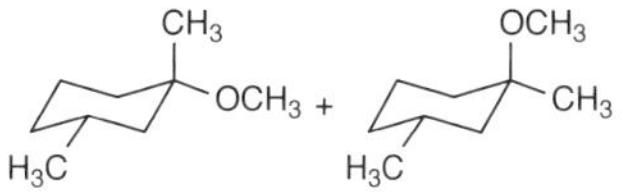

(369)

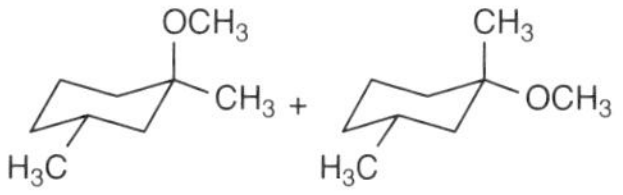

71 二置環シクロヘキサンの S_N1 反応（2）

解法：求核体のアルコールと臭素原子が入れ替わる．カルボカチオンを経由する S_N1 反応なので，二種類の立体異性体が生成する可能性を忘れないようにしよう．

(370)

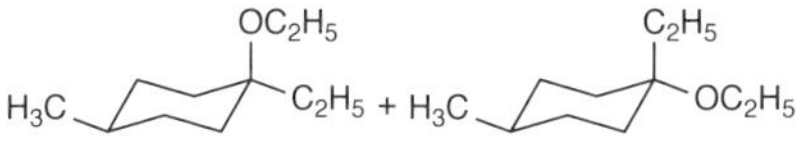

(371)

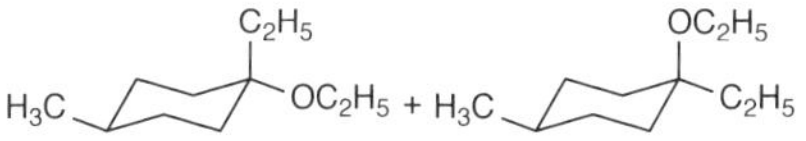

(372)

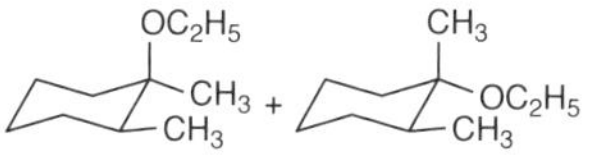

(373)

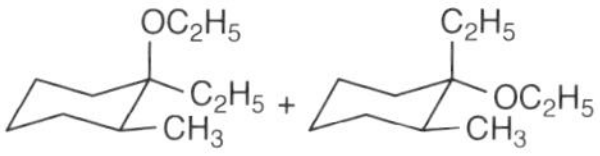

(374)

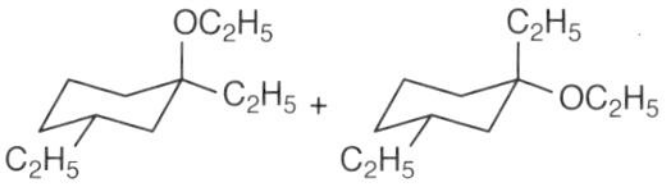

72 ハロゲン化アリルの S_N2 反応

解法：求核体のアルコールと臭素原子が入れ替わる．S_N2 反応ではカルボカチオンを経由しないので，臭素原子の位置を求核体に置き換えた生成物を考えればよい．

(375) $CH_3-CH=CH-CH_2OH$

(376) $CH_3-CH=CH-CH_2OCH_3$

(377) 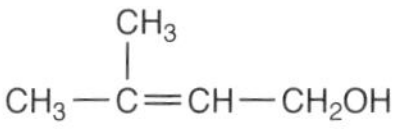 $CH_3-C(CH_3)=CH-CH_2OH$

(378) 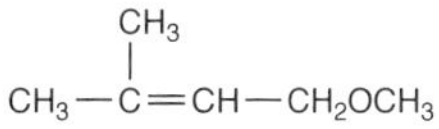 $CH_3-C(CH_3)=CH-CH_2OCH_3$

(379)

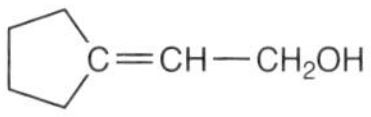

(380)

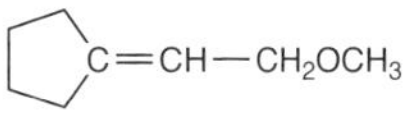

73 ハロゲン化アリルの S_N1 反応

解法：S_N1 反応ではカルボカチオンを経由するため，まずハロゲン化アリルから臭化物イオンが脱離して，カルボカチオンが生成する．このカルボカチオンの共鳴寄与体を書き出し，それぞれに求核体を結合させよう．

(381) $CH_2=CH-CH_2OH$

(382) $CH_2=CH-CH_2OCH_3$

(383) 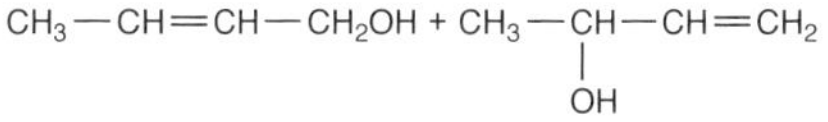 $CH_3-CH=CH-CH_2OH + CH_3-CH(OH)-CH=CH_2$

(384) 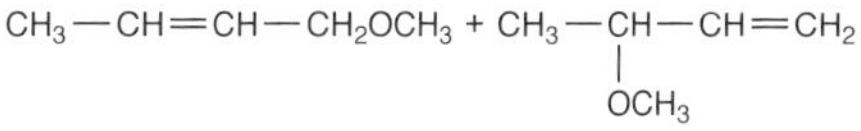 $CH_3-CH=CH-CH_2OCH_3 + CH_3-CH(OCH_3)-CH=CH_2$

(385) 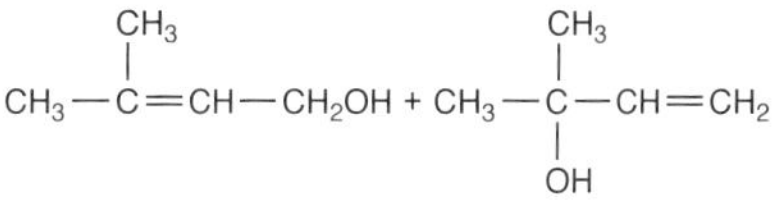 $CH_3-C(CH_3)=CH-CH_2OH + CH_3-C(CH_3)(OH)-CH=CH_2$

(386) 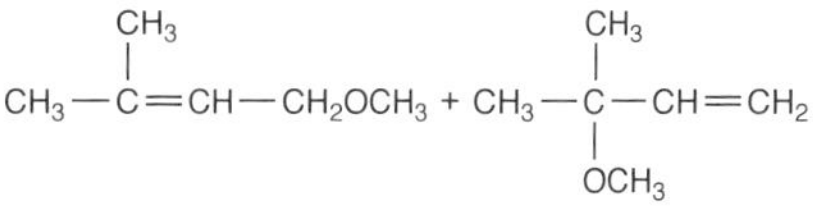 $CH_3-C(CH_3)=CH-CH_2OCH_3 + CH_3-C(CH_3)(OCH_3)-CH=CH_2$

74 分子内環化

解法：塩基である水素化ナトリウムがヒドロキシ基からプロトンを引き抜き，得られた求核体が，同一分子中の臭素原子を追い出すように環を巻く．その結果，環状エーテルが生成する．

(387)

(388)

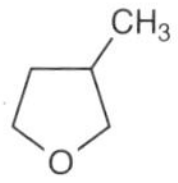

(389) 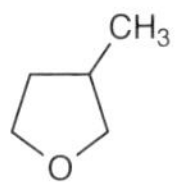 CH_3 O

(390) 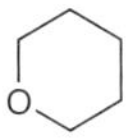 O

(391) 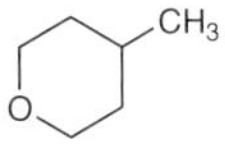 CH_3 O

(392) 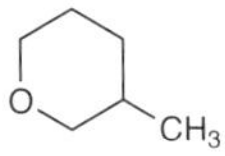 O CH_3

4章　脱離反応

75 ハロゲン化アルキルの脱離（1）

解法：ハロゲン化水素が脱離し，二重結合が生成する．これらの化合物では一種類のアルケンしか生成しない．

(393) $CH_3-CH=CH_2$

(394) $CH_3-CH=CH_2$

(395) $CH_3-CH_2-CH=CH_2$

(396) $CH_3-CH_2-CH=CH_2$

(397) 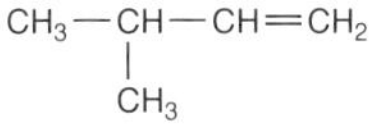 $CH_3-CH-CH=CH_2$
CH_3

(398) 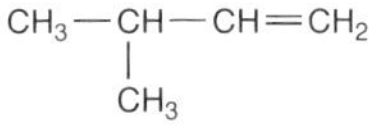 $CH_3-CH-CH=CH_2$
CH_3

(399) $CH_3-CH=CH_2$

(400) $CH_3-CH=CH_2$

(401) $CH_3-CH_2-CH=CH-CH_3$

(402) $CH_3-CH_2-CH=CH-CH_3$

76 ハロゲン化アルキルの脱離（2）

解法：ハロゲン化水素が脱離し，二重結合が生成する．二重結合が入る位置が複数考えられるが，sp^2 炭素により多くのアルキル基が結合したアルケンが主生成物になる．

(403) $CH_3-CH=CH-CH_3$

(404) $CH_3-CH_2-CH=CH-CH_3$

(405) 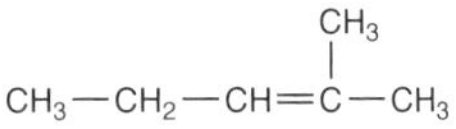 CH_3
$CH_3-CH_2-CH=C-CH_3$

(406) 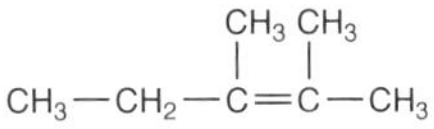 CH_3 CH_3
$CH_3-CH_2-C=C-CH_3$

(407) 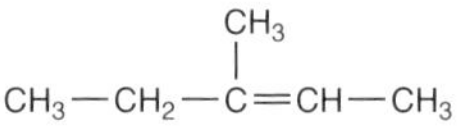 CH_3
$CH_3-CH_2-C=CH-CH_3$

(408) 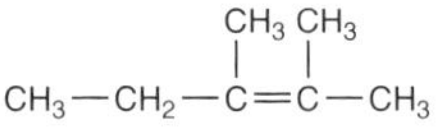 CH_3 CH_3
$CH_3-CH_2-C=C-CH_3$

77 ハロゲン化アルキルの脱離（3）

解法：環状化合物でも考え方は同じ．ハロゲン化水素が脱離し，二重結合が生成する．これらの化合物では一種類のアルケンしか生成しない．

(409)

(410)

(411)

(412)

(413) 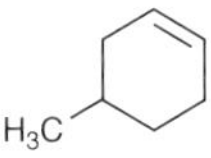 H_3C

(414) 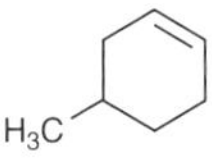 H_3C

78 ハロゲン化アルキルの脱離（4）

解法：環状化合物でも考え方は同じ．ハロゲン化水素が脱離し，二重結合が生成する．二重結合が入る位置が複数考えられるが，sp^2 炭素により多くのアルキル基が結合したアルケンが主生成物になる．

(415)  CH_3

(416) 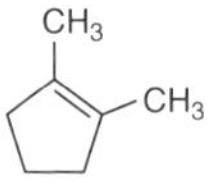 CH_3 CH_3

(417) 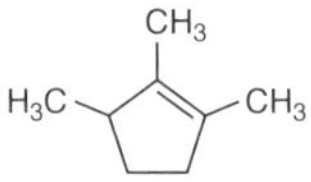 CH_3 H_3C CH_3

(418) 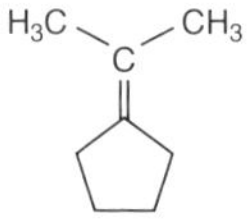 H_3C CH_3 C

79 解答置換シクロヘキサンの脱離（1）

解法：まず隣り合った炭素原子に結合している水素原子と塩素原子を探そう．この二つの原子がともにアキシャル位にあるときに塩化水素の脱離が起こる．

(419)

(420)  CH_3

(421) 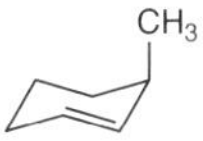 CH_3

(422) 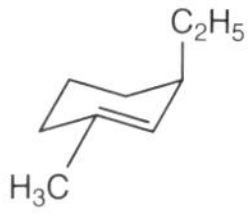 C_2H_5 H_3C

80 置換シクロヘキサンの脱離（2）

解法：塩素原子がエカトリアル位にあるので，まず環反転させた構造を描く．次に隣り合った炭素原子に結合している水素原子と塩素原子を探そう．この二つの原子がともにアキシャル位にあるときに塩化水素の脱離が起こる．

(423)

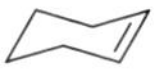

(424)  CH_3

(425)  CH_3 C_2H_5

(426)  C_2H_5 H_3C

5章　アルコール，エーテルの反応

81 アルコールの脱水（1）

解法：アルコールから水が脱離し，二重結合が生成する．二重結合が入る位置が複数考えられる場合は，sp^2 炭素により多くのアルキル基が結合したアルケンが主生成物になる．

(427) $CH_2{=}CH_2$

(428) $CH_3-CH{=}CH_2$

(429) $CH_3-CH_2-CH{=}CH_2$

(430) $CH_3-CH{=}CH_2$

(431) $CH_3-CH_2-CH{=}CH-CH_3$

(432) 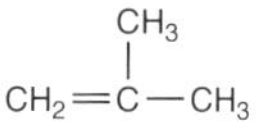 $CH_2{=}C(CH_3)-CH_3$

(433) 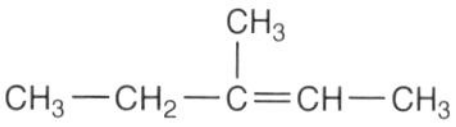 $CH_3-CH_2-C(CH_3){=}CH-CH_3$

82 アルコールの脱水（2）

解法：環状化合物でも考え方は同じ．二重結合が入る位置が複数考えられる場合は，sp^2 炭素により多くのアルキル基が結合したアルケンが主生成物になる．

(434)

(435) 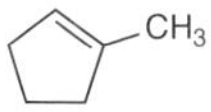 CH_3

(436) 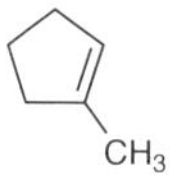 CH_3

(437) 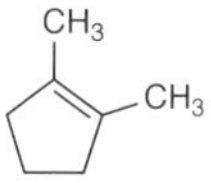 CH_3 CH_3

83 アルコールの修飾（1）

解法：アルコールが塩化アルキル，もしくはスルホン酸エステルに変換される．ヒドロキシ基と置き換わったこれらの置換基は脱離しやすい性質をもつ．

(438) CH_3-CH_2-Cl

(439) $CH_3-CH_2-OSO_2CH_3$

(440) $CH_3-CH_2-OSO_2CF_3$

(441) 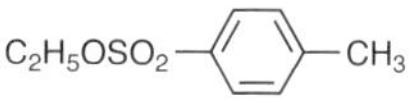 $C_2H_5OSO_2-C_6H_4-CH_3$

84 アルコールの修飾（2）

解法：アルコールが塩化アルキル，もしくはスルホン酸エステルに変換される．ヒドロキシ基と置き換わったこれらの置換基は脱離しやすい性質をもつ．

(442) 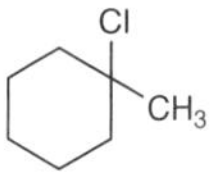 Cl CH_3

(443) 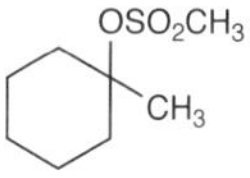 OSO_2CH_3 CH_3

(444) 1-methylcyclohexyl–OSO_2CF_3 (CH_3)

(445) 1-methylcyclohexyl–$O-SO_2-C_6H_4-CH_3$ (CH_3)

85 アルコールの修飾（3）

解法：アルコールが塩化アルキル，もしくはスルホン酸エステルに変換される．
スルホン酸エステルを描くときは，酸素原子の数と原子のつながる順番に注意しよう．

(446) $C_6H_5CH_2CH_2Cl$

(447) $C_6H_5CH_2CH_2OSO_2CH_3$

(448) $C_6H_5CH_2CH_2OSO_2CF_3$

(449) $C_6H_5CH_2CH_2-O-SO_2-C_6H_4-CH_3$

86 不斉アルコールの修飾

解法：ヒドロキシ基が脱離しやすい置換基に置き換わり，さらにアルコキシドに置き換わる．
置換反応が不斉炭素上で S_N2 反応で起こるなら，炭素中心の立体は反転する．

(450) CH_3, H_3CH_2C, Br, H, C (*R*)　→　CH_3, H_3CH_2C, OCH_3, H, C (*S*)

(451) CH_3, H_3CH_2C, OTs, H, C (*S*)　→　CH_3, H_3CH_2C, H_3CO, H, C (*R*)

(452) CH_3, Br, H_3CH_2C, H, C (*S*)　→　CH_3, H_3CH_2C, H, OCH_3, C (*R*)

(453) CH_3, H_3CH_2C, H, OTs, C (*R*)　→　CH_3, H_3CO, H_3CH_2C, H, C (*S*)

87 アルコールをスルホン酸エステル化してから置換反応（1）

解法：アルコールをいったんスルホン酸エステルにしてから求核体と反応させる．
最終的に，ヒドロキシ基が求核体に置き換わった生成物が得られる．

(454) $CH_3-CH_2-OSO_2CH_3$　　CH_3-CH_2-CN

(455) $CH_3-CH_2-OSO_2CF_3$　　$CH_3-CH_2-OCH_3$

(456) $CH_3-CH_2-O-SO_2-C_6H_4-CH_3$

$CH_3-CH_2-C\equiv CH$

88 アルコールをスルホン酸エステル化してから置換反応（2）

解法：アルコールをいったんスルホン酸エステルにしてから求核体と反応させる．
最終的に，ヒドロキシ基が求核体に置き換わった生成物が得られる．

(457) 1-methylcyclohexyl–OSO_2CH_3 (CH_3)　　1-methylcyclohexyl–CN (CH_3)

(458) 1-methylcyclohexyl–OSO_2CF_3 (CH_3)　　1-methylcyclohexyl–OCH_3 (CH_3)

(459) 1-methylcyclohexyl–$O-SO_2-C_6H_4-CH_3$ (CH_3)　　1-methylcyclohexyl–$C\equiv CH$ (CH_3)

89 アルコールをスルホン酸エステル化してから置換反応（3）

解法：アルコールをいったんスルホン酸エステルにしてから求核体と反応させる．
最終的に，ヒドロキシ基が求核体に置き換わった生成物が得られる．

(460) $C_6H_5CH_2CH_2OSO_2CH_3$　　$C_6H_5CH_2CH_2CN$

(461) $C_6H_5CH_2CH_2OSO_2CF_3$　　$C_6H_5CH_2CH_2OCH_3$

(462)

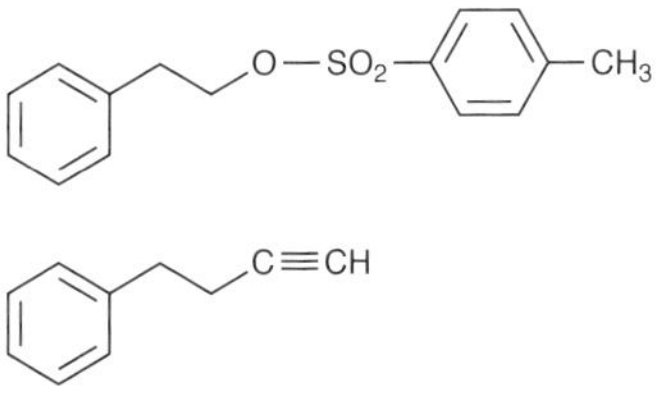

(463)

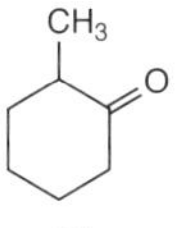

(464)

(465)

(466)

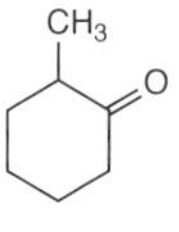

90 アルコールの酸化剤との反応（第二級アルコール）

解法：アルコールの酸化反応では，まずアルコールの級数を確認し，どのような酸化剤を用いているか確認しよう．第二級アルコールを各種酸化剤で処理するとケトンが生成する．

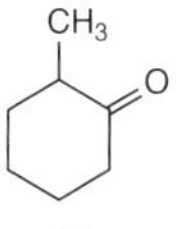

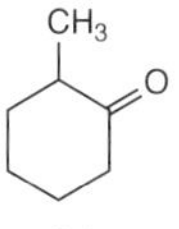

(467)

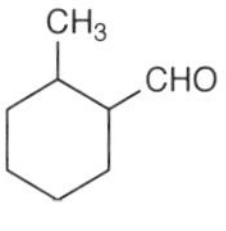

(468)

(469)

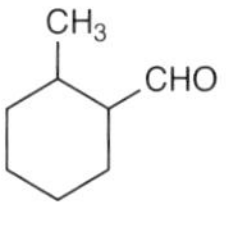

(470)

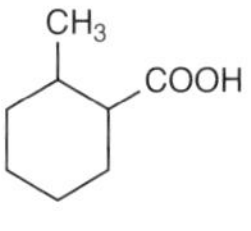

91 アルコールの酸化剤との反応（第一級アルコール）

解法：アルコールの酸化反応では，まずアルコールの級数を確認し，どのような酸化剤を用いているか確認しよう．第一級アルコールは酸化剤の種類によって，アルデヒドもしくはカルボン酸を与える．

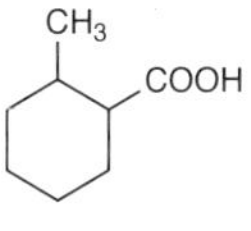

92 エポキシドの開環 (1)

解法：酸性条件では，より安定なカルボカチオンを経由する方向に反応が進む．一方，塩基性条件では，立体的に空いている炭素原子に求核剤が攻撃する方向に反応が進む．

(471)

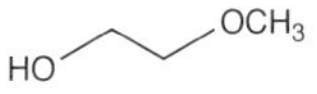

(472)

(473)

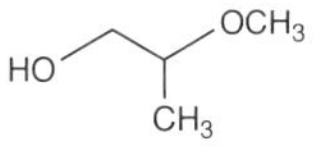

(474)

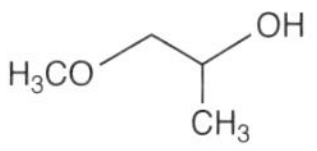

(475)

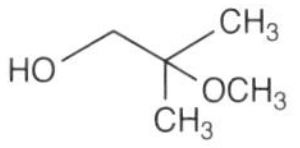

(476)

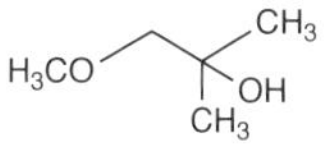

(477)

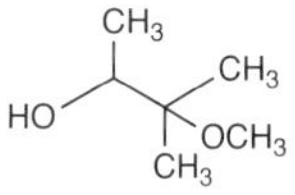

(478)

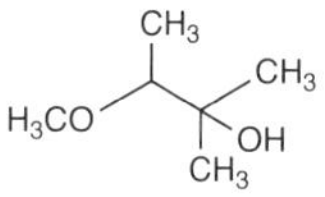

93 エポキシドの開環（2）

解法：有機銅試薬のアルキル基が求核剤としてエポキシドを攻撃する．この際，求核剤は立体的に空いている（アルキル基の数がより少ない）エポキシド炭素を攻撃して，開環する．

(479)

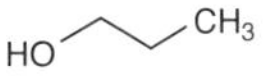

(480)

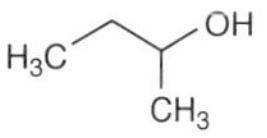

(481)

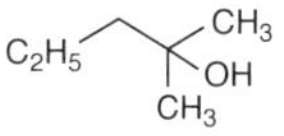

(482)

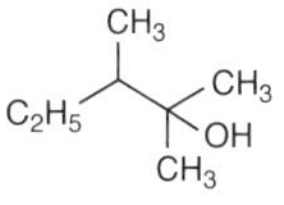

94 Grignard 試薬の重水素化

解法：まずハロゲン化物の臭素原子と炭素原子の間にマグネシウム原子が挿入されて Grignard 試薬ができる．これを重水で処理すると，酸塩基反応により重水素化された炭化水素ができる．

(483) $CH_3-CH(MgBr)-CH_3$　　$CH_3-CH(D)-CH_3$

(484) $CH_3-CH_2-CH_2-MgBr$　　$CH_3-CH_2-CH_2-D$

(485) PhMgBr　　PhD

(486) $PhCH_2MgBr$　　$PhCH_2D$

95 Grignard 試薬によるエポキシドの開環

解法：Grignard 試薬が求核剤としてエポキシドを攻撃する．
この際，立体的により空いているエポキシド炭素上で反応が起こる．

(487) $CH_3-CH(MgBr)-CH_3$　　OH

(488) $CH_3-CH_2-CH_2-MgBr$　　OH, CH_3

(489) PhMgBr　　OH

(490) $PhCH_2MgBr$　　H_3C, OH, CH_3

6章　カルボン酸誘導体の置換反応

96 酸塩化物の置換反応

解法：酸塩化物の塩素原子が求核体と入れ替わり，カルボン酸，エステル，アミドを与える．アミンを求核体に用いた場合は，生成する塩化水素とアミンが反応するので，2 当量のアミンを必要とする．

(491) $CH_3-C(=O)-OH$

(492) $CH_3-C(=O)-OCH_3$

(493) $CH_3-C(=O)-NHCH_3$

(494) $C_2H_5-C(=O)-OH$

(495) $C_2H_5-C(=O)-OC_2H_5$

(496) $C_2H_5-C(=O)-NHCH_3$

(497) $Ph-C(=O)-OH$

(498) $Ph-C(=O)-OC_2H_5$

(499) $Ph-C(=O)-NHCH_3$

97 エステルの置換反応

解法：エステルのアルコキシ基が求核体と入れ替わり，カルボン酸，別のエステル（エステル交換），アミドを与える．

(500) $CH_3-C(=O)-OH$

(501) $CH_3-C(=O)-OC_2H_5$

(502) $CH_3-C(=O)-NHCH_3$

(503) $C_2H_5-C(=O)-OH$

(504) $C_2H_5-C(=O)-OCH_3$

(505) $C_2H_5-C(=O)-NHC_2H_5$

(506) $Ph-C(=O)-OH$

(507) 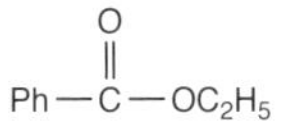 $Ph-\overset{\overset{O}{\|}}{C}-OC_2H_5$

(508) 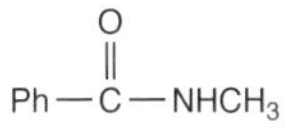 $Ph-\overset{\overset{O}{\|}}{C}-NHCH_3$

98 Gabriel 合成

解法：塩基性条件下で，フタルイミドの窒素がアルキル化される．イミドを加水分解することで，第一級アミンが得られる．この方法では第一級アミンが選択的に得られる．

(509)

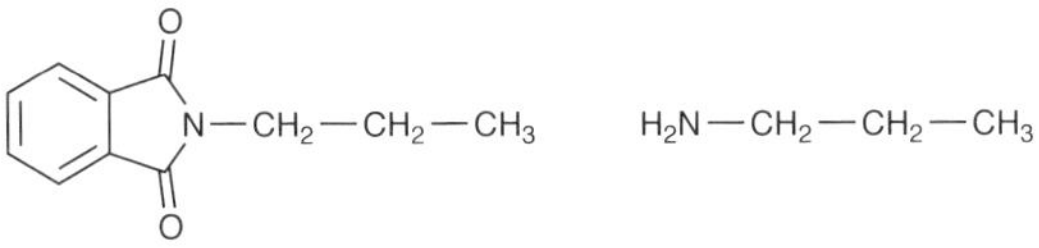

O, O, $N-CH_2-CH_2-CH_3$　　$H_2N-CH_2-CH_2-CH_3$

(510)

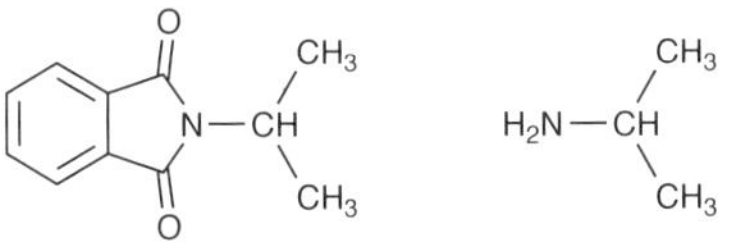

O, O, $N-CH(CH_3)_2$　　$H_2N-CH(CH_3)_2$

(511)

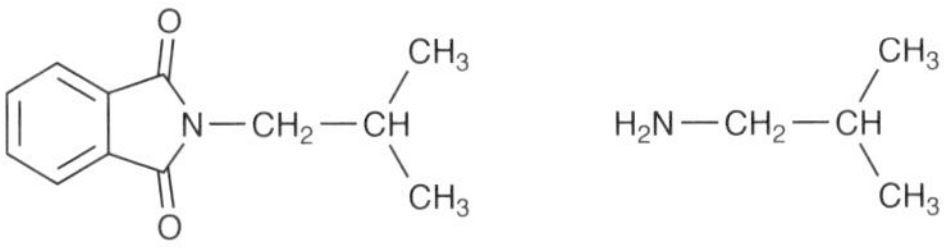

O, O, $N-CH_2-CH(CH_3)_2$　　$H_2N-CH_2-CH(CH_3)_2$

(512)

O, O, $N-CH_2-CH_2-Ph$　　$H_2N-CH_2-CH_2-Ph$

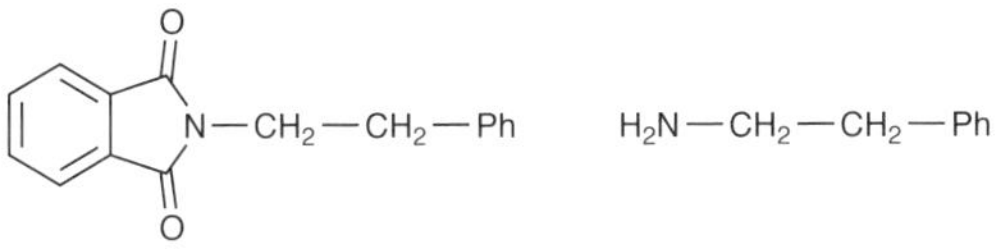

99 カルボン酸の置換反応

解法：カルボン酸のヒドロキシ基が求核体と入れ替わり，エステル，アミドを与える．

(513) 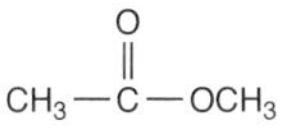 $CH_3-\overset{\overset{O}{\|}}{C}-OCH_3$

(514) 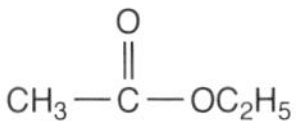 $CH_3-\overset{\overset{O}{\|}}{C}-OC_2H_5$

(515) 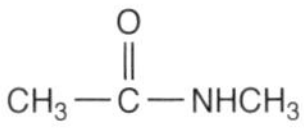 $CH_3-\overset{\overset{O}{\|}}{C}-NHCH_3$

(516) 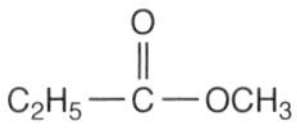 $C_2H_5-\overset{\overset{O}{\|}}{C}-OCH_3$

(517) 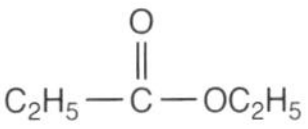 $C_2H_5-\overset{\overset{O}{\|}}{C}-OC_2H_5$

(518) 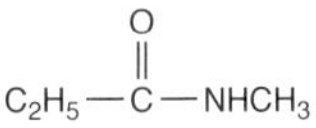 $C_2H_5-\overset{\overset{O}{\|}}{C}-NHCH_3$

(519) 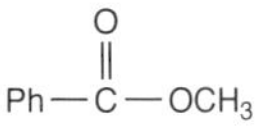 $Ph-\overset{\overset{O}{\|}}{C}-OCH_3$

(520) 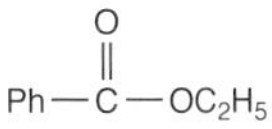 $Ph-\overset{\overset{O}{\|}}{C}-OC_2H_5$

(521) 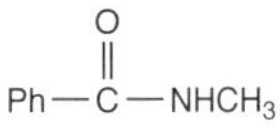 $Ph-\overset{\overset{O}{\|}}{C}-NHCH_3$

100 ハロゲン化アルキルのシアノ化，加水分解

解法：シアン化物イオンとの置換反応でニトリルが生成する．これを加水分解するとカルボン酸が生成する．

(522) $CH_3-CH_2-CH_2-CN$　　$CH_3-CH_2-CH_2-COOH$

(523) $CH_3-\overset{\overset{CN}{|}}{CH}-CH_3$　　$CH_3-\overset{\overset{COOH}{|}}{CH}-CH_3$

(524)  $CH_3-\overset{\overset{CH_3}{|}}{CH}-CH_2-CN$　　$CH_3-\overset{\overset{CH_3}{|}}{CH}-CH_2-COOH$

(525) $Ph-CH_2-CH_2-CN$　　$Ph-CH_2-CH_2-COOH$

(526) $Ph-CH_2-CN$　　$Ph-CH_2-COOH$

(527) 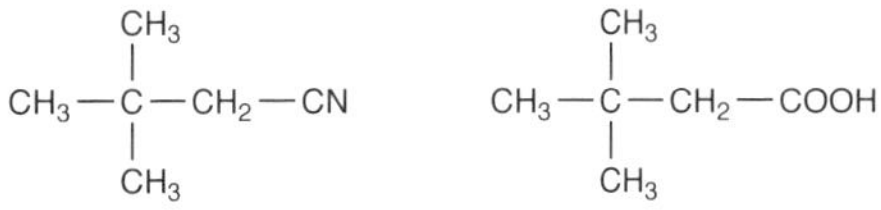 $CH_3-\underset{\underset{CH_3}{|}}{\overset{\overset{CH_3}{|}}{C}}-CH_2-CN$　　$CH_3-\underset{\underset{CH_3}{|}}{\overset{\overset{CH_3}{|}}{C}}-CH_2-COOH$

(528) 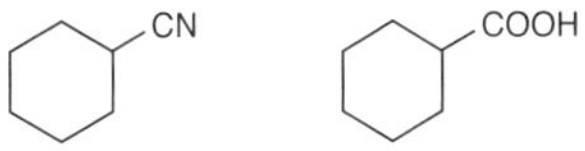 CN　　COOH

101 塩化チオニルによるカルボン酸の変換，さらに求核置換反応（1）

解法：まず，塩化チオニルによってカルボン酸が酸塩化物に変換される．この酸塩化物は種々の求核体と容易に置換反応を起こす．

(529)  $CH_3-\overset{\overset{O}{\|}}{C}-Cl$　　$CH_3-\overset{\overset{O}{\|}}{C}-OCH_3$

(530) 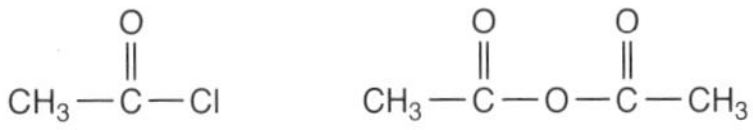 $CH_3-\overset{\overset{O}{\|}}{C}-Cl$　　$CH_3-\overset{\overset{O}{\|}}{C}-O-\overset{\overset{O}{\|}}{C}-CH_3$

(531) $C_2H_5-C(=O)-Cl$ $C_2H_5-C(=O)-OCH_3$

(532) $C_2H_5-C(=O)-Cl$ $C_2H_5-C(=O)-O-C(=O)-CH_3$

102 塩化チオニルによるカルボン酸の変換，さらに求核置換反応（2）

解法：まず，塩化チオニルによってカルボン酸が酸塩化物に変換される．この酸塩化物は種々の求核体と容易に置換反応を起こす．

(533) $(CH_3)_2CH-C(=O)-Cl$ $(CH_3)_2CH-C(=O)-OCH_3$

(534) $(CH_3)_2CH-C(=O)-Cl$ $(CH_3)_2CH-C(=O)-O-C(=O)-CH_3$

(535) $Ph-C(=O)-Cl$ $Ph-C(=O)-OCH_3$

(536) $Ph-C(=O)-Cl$ $Ph-C(=O)-O-C(=O)-CH_3$

103 三塩化リンによるカルボン酸の変換，さらに求核置換反応（1）

解法：まず，三塩化リンによってカルボン酸が酸塩化物に変換される．この酸塩化物は種々の求核体と容易に置換反応を起こす．

(537) $CH_3-C(=O)-Cl$ $CH_3-C(=O)-OCH_3$

(538) $CH_3-C(=O)-Cl$ $CH_3-C(=O)-O-C(=O)-CH_3$

(539) $C_2H_5-C(=O)-Cl$ $C_2H_5-C(=O)-OCH_3$

(540) $C_2H_5-C(=O)-Cl$ $C_2H_5-C(=O)-O-C(=O)-CH_3$

104 三塩化リンによるカルボン酸の変換，さらに求核置換反応（2）

解法：まず，三塩化リンによってカルボン酸が酸塩化物に変換される．この酸塩化物は種々の求核体と容易に置換反応を起こす．

(541) $(CH_3)_2CH-C(=O)-Cl$ $(CH_3)_2CH-C(=O)-OCH_3$

(542) $(CH_3)_2CH-C(=O)-Cl$ $(CH_3)_2CH-C(=O)-O-C(=O)-CH_3$

(543) $Ph-C(=O)-Cl$ $Ph-C(=O)-OCH_3$

(544) $Ph-C(=O)-Cl$ $Ph-C(=O)-O-C(=O)-CH_3$

7章　カルボン酸誘導体への付加反応

105 アルデヒドと Grignard 試薬の反応

解法：Grignard 試薬がアルデヒドのカルボニル基を攻撃し，第一級もしくは第二級アルコールが生成する．どれが Grignard 試薬由来のアルキル基かをしっかりと見分けよう．

(545) $H-\underset{CH_3}{\overset{OH}{C}}-H$

(546) $CH_3-\underset{CH_3}{\overset{OH}{C}}-H$

(547) $C_2H_5-\underset{CH_3}{\overset{OH}{C}}-H$

(548) $(CH_3)_2CH-\underset{CH_3}{\overset{OH}{C}}-H$

(549) $H-\underset{C_2H_5}{\overset{OH}{C}}-H$

(550) $CH_3-\underset{C_2H_5}{\overset{OH}{C}}-H$

(551) $C_2H_5-\underset{C_2H_5}{\overset{OH}{C}}-H$

(552) $(CH_3)_2CH-\underset{C_2H_5}{\overset{OH}{C}}-H$

106 ケトンと Grignard 試薬の反応（1）

解法：Grignard 試薬がケトンのカルボニル基を攻撃し，第三級アルコールが生成する．どれが Grignard 試薬由来のアルキル基かをしっかりと見分けよう．

(553) $(CH_3)_3C-OH$（中心炭素に OH, CH_3, CH_3, CH_3）

(554) 中心炭素に OH, CH_3, C_2H_5, CH_3

(555) 中心炭素に OH, C_2H_5, C_2H_5, CH_3

(556) 中心炭素に OH, $(CH_3)_2CH$, $CH(CH_3)_2$, CH_3

(557) 中心炭素に OH, CH_3, CH_3, C_2H_5

(558) 中心炭素に OH, CH_3, C_2H_5, C_2H_5

(559) 中心炭素に OH, C_2H_5, C_2H_5, C_2H_5

(560) 中心炭素に OH, $(CH_3)_2CH$, $CH(CH_3)_2$, C_2H_5

107 ケトンと Grignard 試薬の反応（2）

解法：Grignard 試薬がケトンのカルボニル基を攻撃し，第三級アルコールが生成する．どれが Grignard 試薬由来のアルキル基かをしっかりと見分けよう．

(561) 中心炭素に OH, Ph, CH_3, CH_3

(562) 中心炭素に OH, Ph, C_2H_5, CH_3

(563) 中心炭素に OH, Ph, Ph, CH_3

(564) 中心炭素に OH, Ph, $CH(CH_3)_2$, CH_3

(565) 中心炭素に OH, Ph, CH_3, C_2H_5

(566) 中心炭素に OH, Ph, C_2H_5, C_2H_5

(567) 中心炭素に OH, Ph, Ph, C_2H_5

(568) 中心炭素に OH, Ph, $CH(CH_3)_2$, C_2H_5

108 酸塩化物と Grignard 試薬の反応

解法：Grignard 試薬が酸塩化物のカルボニル基を攻撃し，アルデヒドもしくはケトンが生成する．このカルボニル化合物に Grignard 試薬がもう 1 分子反応し，最終的に第二級もしくは三級アルコールが生成する．どれが Grignard 試薬由来の置換基かをしっかりと見分けよう．

(569) 中心炭素に OH, H, CH_3, CH_3

(570) 中心炭素に OH, CH_3, CH_3, CH_3

(571) 中心炭素に OH, C_2H_5, CH_3, CH_3

(572) $(CH_3)_2CH-C(OH)(CH_3)-CH_3$

(573) $H-C(OH)(C_2H_5)-C_2H_5$

(574) $CH_3-C(OH)(C_2H_5)-C_2H_5$

(575) $C_2H_5-C(OH)(C_2H_5)-C_2H_5$

(576) $(CH_3)_2CH-C(OH)(C_2H_5)-C_2H_5$

109 エステルと Grignard 試薬の反応

解法：Grignard 試薬がエステルのカルボニル基を攻撃し，アルデヒドもしくはケトンが生成する．このカルボニル化合物に Grignard 試薬がもう 1 分子反応し，最終的に第二級もしくは三級アルコールが生成する．どれが Grignard 試薬由来の置換基かをしっかりと見分けよう．

(577) $H-C(OH)(CH_3)-CH_3$

(578) $CH_3-C(OH)(CH_3)-CH_3$

(579) $C_2H_5-C(OH)(CH_3)-CH_3$

(580) $(CH_3)_2CH-C(OH)(CH_3)-CH_3$

(581) $H-C(OH)(C_2H_5)-C_2H_5$

(582) $CH_3-C(OH)(C_2H_5)-C_2H_5$

(583) $C_2H_5-C(OH)(C_2H_5)-C_2H_5$

(584) $(CH_3)_2CH-C(OH)(C_2H_5)-C_2H_5$

110 二酸化炭素と Grignard 試薬の反応

解法：Grignard 試薬が二酸化炭素の炭素原子を攻撃し，カルボン酸が生成する．どれが Grignard 試薬由来の置換基かをしっかりと見分けよう．

(585) CH_3COOH

(586) CD_3COOH

(587) C_2H_5COOH

(588) $CH_3CH_2CH_2COOH$

(589) PhCOOH

(590) $PhCH_2COOH$

(591) $PhCH_2CH_2COOH$

(592) $(CH_3)_2CHCOOH$

111 ニトリルと Grignard 試薬の反応

解法：Grignard 試薬がシアノ基の炭素原子を攻撃し，ケトンが生成する．この反応ではアルコールは生成しない．

(593) $H_3C-C(=O)-CH_3$

(594) $H_3C-C(=O)-CD_3$

(595) $H_3C-C(=O)-C_2H_5$

(596) $H_3C-C(=O)-CH_2CH_2CH_3$

(597) $H_3C-C(=O)-Ph$

(598)

$$H_3C-\overset{O}{\overset{\|}{C}}-CH_2Ph$$

(599)

$$H_3C-\overset{O}{\overset{\|}{C}}-CH_2CH_2Ph$$

(600)

$$H_3C-\overset{O}{\overset{\|}{C}}-CH(CH_3)_2$$

112 炭酸ジメチルと Grignard 試薬の反応

解法：Grignard 試薬が炭酸ジメチルのカルボニル基を攻撃し，エステルが生成する．このエステルに Grignard 試薬がもう 1 分子反応し，ケトンが生成する．さらに，このケトンに Grignard 試薬がもう 1 分子反応し，最終的に第三級アルコールが生成する．どれが Grignard 試薬由来の置換基かをしっかりと見分けよう．

(601)

$$CH_3-\overset{OH}{\overset{|}{\underset{CH_3}{\underset{|}{C}}}}-CH_3$$

(602)

$$D_3C-\overset{OH}{\overset{|}{\underset{CD_3}{\underset{|}{C}}}}-CD_3$$

(603)

$$C_2H_5-\overset{OH}{\overset{|}{\underset{C_2H_5}{\underset{|}{C}}}}-C_2H_5$$

(604)

$$H_3CH_2CH_2C-\overset{OH}{\overset{|}{\underset{CH_2CH_2CH_3}{\underset{|}{C}}}}-CH_2CH_2CH_3$$

(605)

$$Ph-\overset{OH}{\overset{|}{\underset{Ph}{\underset{|}{C}}}}-Ph$$

(606)

$$PhH_2C-\overset{OH}{\overset{|}{\underset{CH_2Ph}{\underset{|}{C}}}}-CH_2Ph$$

(607)

$$PhH_2CH_2C-\overset{OH}{\overset{|}{\underset{CH_2CH_2Ph}{\underset{|}{C}}}}-CH_2CH_2Ph$$

(608)

$$(H_3C)_2HC-\overset{OH}{\overset{|}{\underset{CH(CH_3)_2}{\underset{|}{C}}}}-CH(CH_3)_2$$

113 ホスゲンと Grignard 試薬の反応

解法：Grignard 試薬がホスゲンのカルボニル基を攻撃し，酸塩化物が生成する．この酸塩化物に Grignard 試薬がもう 1 分子反応し，ケトンが生成する．さらに，このケトンに Grignard 試薬がもう 1 分子反応し，最終的に第三級アルコールが生成する．どれが Grignard 試薬由来の置換基かをしっかりと見分けよう．ホスゲンは毒性が非常に高いため，現在では実験室では用いられない．

(609)

$$H_3C-\overset{OH}{\overset{|}{\underset{CH_3}{\underset{|}{C}}}}-CH_3$$

(610)

$$D_3C-\overset{OH}{\overset{|}{\underset{CD_3}{\underset{|}{C}}}}-CD_3$$

(611)

$$C_2H_5-\overset{OH}{\overset{|}{\underset{C_2H_5}{\underset{|}{C}}}}-C_2H_5$$

(612)

$$H_3CH_2CH_2C-\overset{OH}{\overset{|}{\underset{CH_2CH_2CH_3}{\underset{|}{C}}}}-CH_2CH_2CH_3$$

(613)

$$Ph-\overset{OH}{\overset{|}{\underset{Ph}{\underset{|}{C}}}}-Ph$$

(614)

$$PhH_2C-\overset{OH}{\overset{|}{\underset{CH_2Ph}{\underset{|}{C}}}}-CH_2Ph$$

(615)

$$PhH_2CH_2C-\overset{OH}{\overset{|}{\underset{CH_2CH_2Ph}{\underset{|}{C}}}}-CH_2CH_2Ph$$

(616)

$$(H_3C)_2HC-\overset{OH}{\overset{|}{\underset{CH(CH_3)_2}{\underset{|}{C}}}}-CH(CH_3)_2$$

114 重水と Grignard 試薬の反応

解法：Grignard 試薬を重水で処理すると，酸塩基反応により重水素化された炭化水素ができる．5 章でも同様の問題を解いたが，もう一度復習しよう．

(617) CH_3D

(618) CD_4

(619) C_2H_5D

(620) $CH_3CH_2CH_2D$

(621) PhD

(622) $PhCH_2D$

(623) $PhCH_2CH_2D$

(624) $(CH_3)_2CHD$

115 アルデヒドと $NaBH_4$ の反応

解法：ヒドリドイオンがアルデヒドのカルボニル基を攻撃し，第一級アルコールが生成する．どれが還元剤由来の水素原子かをしっかりと見分けよう．

(625) H—C(OH)(H)—H

(626) CH_3—C(OH)(H)—H

(627) C_2H_5—C(OH)(H)—H

(628) $(CH_3)_2CH$—C(OH)(H)—H

(629) Ph—C(OH)(H)—H

(630) $PhCH_2$—C(OH)(H)—H

(631) $CH_3CH_2CH_2$—C(OH)(H)—H

(632) $PhCH_2CH_2$—C(OH)(H)—H

116 アルデヒドと $LiAlH_4$ の反応

解法：ヒドリドイオンがアルデヒドのカルボニル基を攻撃し，第一級アルコールが生成する．どれが還元剤由来の水素原子かをしっかりと見分けよう．

(633) H—C(OH)(H)—H

(634) CH_3—C(OH)(H)—H

(635) C_2H_5—C(OH)(H)—H

(636) $(CH_3)_2CH$—C(OH)(H)—H

(637) Ph—C(OH)(H)—H

(638) $PhCH_2$—C(OH)(H)—H

(639) $CH_3CH_2CH_2$—C(OH)(H)—H

(640) $PhCH_2CH_2$—C(OH)(H)—H

117 ケトンと $NaBH_4$ の反応（1）

解法：ヒドリドイオンがケトンのカルボニル基を攻撃し，第二級アルコールが生成する．どれが還元剤由来の水素原子かをしっかりと見分けよう．

(641) 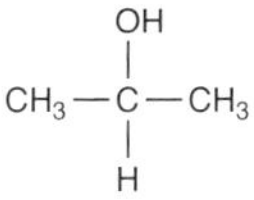
OH
CH_3—C—CH_3
H

(642) 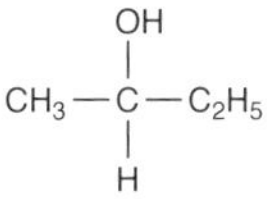
OH
CH_3—C—C_2H_5
H

(643) 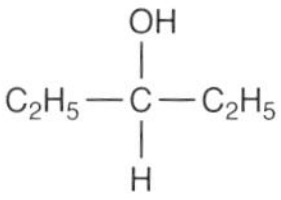
OH
C_2H_5—C—C_2H_5
H

(644) 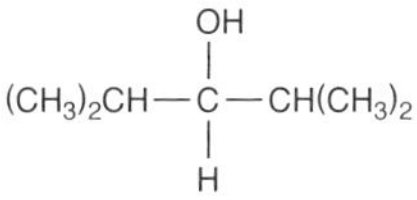
OH
$(CH_3)_2CH$—C—$CH(CH_3)_2$
H

(645) 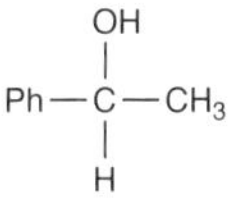
OH
Ph—C—CH_3
H

(646) 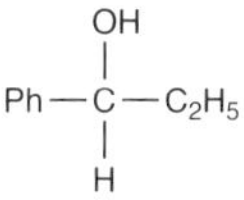
OH
Ph—C—C_2H_5
H

(647) 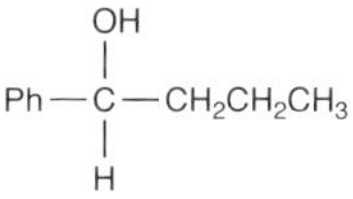
OH
Ph—C—$CH_2CH_2CH_3$
H

(648) 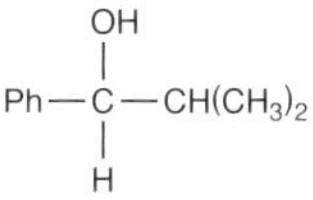
OH
Ph—C—$CH(CH_3)_2$
H

118 ケトンと $NaBH_4$ の反応（2）

解法：構造がやや複雑になっているが基本の考え方は同じ．ヒドリドイオンがケトンのカルボニル基を攻撃し，二級アルコールが生成する．

(649) 
OH

(650) 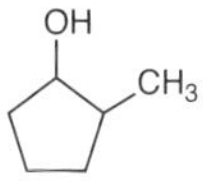
OH
CH_3

(651) 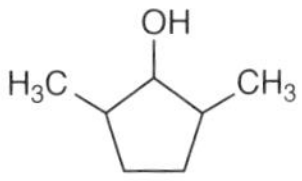
OH
H_3C CH_3

(652) 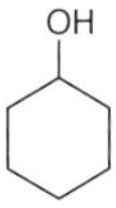
OH

(653) 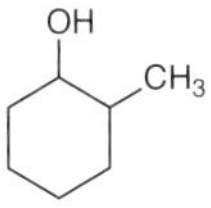
OH
CH_3

(654) 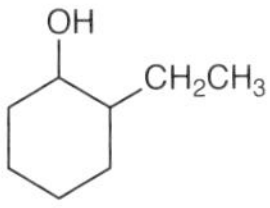
OH
CH_2CH_3

(655) 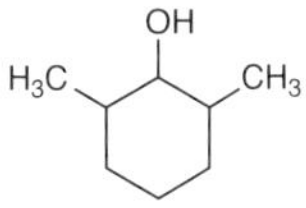
OH
H_3C CH_3

(656) 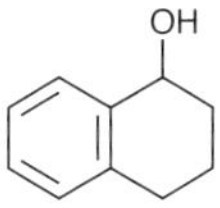
OH

(657) 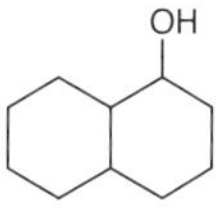
OH

119 ケトンと $LiAlH_4$ の反応

解法：ヒドリドイオンがケトンのカルボニル基を攻撃し，第二級アルコールが生成する．どれが還元剤由来の水素原子かをしっかりと見分けよう．

(658) 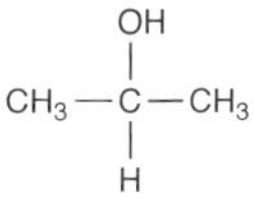
OH
CH_3—C—CH_3
H

(659) 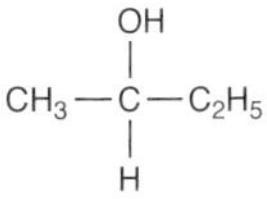
OH
CH_3—C—C_2H_5
H

(660) 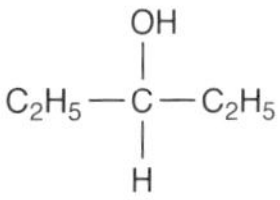
OH
C_2H_5—C—C_2H_5
H

(661) 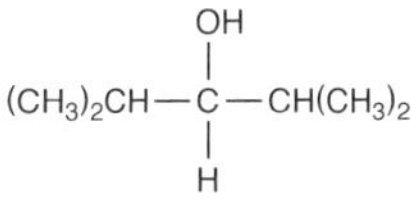
OH
$(CH_3)_2CH$—C—$CH(CH_3)_2$
H

(662) Ph—C(OH)(H)—CH_3

(663) Ph—C(OH)(H)—C_2H_5

(664) Ph—C(OH)(H)—$CH_2CH_2CH_3$

(665) Ph—C(OH)(H)—$CH(CH_3)_2$

120 酸塩化物と $LiAlH_4$ の反応

解法：ヒドリドイオンが酸塩化物のカルボニル基を攻撃し，アルデヒドが生成する．このアルデヒドにヒドリドイオンがもう一分子反応し，最終的に第一級アルコールが生成する．どれがヒドリドイオンの水素原子かをしっかりと見分けよう．

(666) CH_3—C(OH)(H)—H

(667) CD_3—C(OH)(H)—H

(668) CH_3CH_2—C(OH)(H)—H

(669) $CH_3CH_2CH_2$—C(OH)(H)—H

(670) Ph—C(OH)(H)—H

(671) $PhCH_2$—C(OH)(H)—H

(672) $PhCH_2CH_2$—C(OH)(H)—H

(673) $(CH_3)_2CH$—C(OH)(H)—H

121 エステルと $LiAlH_4$ の反応

解法：ヒドリドイオンがエステルのカルボニル基を攻撃し，アルデヒドが生成する．このアルデヒドにヒドリドイオンがもう一分子反応し，最終的に第一級アルコールが生成する．どれがヒドリドイオンの水素原子かをしっかりと見分けよう．

(674) CH_3—C(OH)(H)—H

(675) CD_3—C(OH)(H)—H

(676) CH_3CH_2—C(OH)(H)—H

(677) $CH_3CH_2CH_2$—C(OH)(H)—H

(678) Ph—C(OH)(H)—H

(679) $PhCH_2$—C(OH)(H)—H

(680) $PhCH_2CH_2$—C(OH)(H)—H

(681) $(CH_3)_2CH$—C(OH)(H)—H

122 アミドと $LiAlH_4$ の反応

解法：アミドと $LiAlH_4$ の反応では，アルコールではなくアミンが生成する．

(682) $CH_3-CH_2-NH_2$

(683) $CD_3-CH_2-NH(CH_3)$

(684) $CH_3CH_2-CH_2-N(CH_3)_2$

(685) $CH_3CH_2CH_2-CH_2-NH_2$

(686) $Ph-CH_2-NH(CH_3)$

(687) $PhCH_2-CH_2-N(CH_3)_2$

(688) $PhCH_2CH_2-CH_2-NH_2$

(689) $(CH_3)_2CH-CH_2-NH(CH_3)$

123 アルデヒドとアセチリドイオンの反応

解法：アセチリドイオンがアルデヒドのカルボニル基を攻撃し，三重結合をもつアルコールが生成する．どこで炭素-炭素結合ができたかをしっかりと確認しよう．

(690) $HC\equiv C^-$　　$H_3C-\overset{OH}{\underset{C\equiv CH}{C}}-H$

(691) $CH_3-C\equiv C^-$　　$Ph-\overset{OH}{\underset{C\equiv C-CH_3}{C}}-H$

(692) $CH_3CH_2-C\equiv C^-$　　$CH_3CH_2CH_2-\overset{OH}{\underset{C\equiv C-CH_2CH_3}{C}}-H$

(693) $Ph-C\equiv C^-$　　$C_2H_5-\overset{OH}{\underset{C\equiv C-Ph}{C}}-H$

124 ケトンとアセチリドイオンの反応

解法：アセチリドイオンがケトンのカルボニル基を攻撃し，三重結合をもつアルコールが生成する．どこで炭素-炭素結合ができたかをしっかりと確認しよう．

(694) $HC\equiv C^-$　　$H_3C-\overset{OH}{\underset{C\equiv CH}{C}}-CH_3$

(695) $H_3C-C\equiv C^-$　　$Ph-\overset{OH}{\underset{C\equiv C-CH_3}{C}}-CH_3$

(696) $CH_3CH_2-C\equiv C^-$　　$Ph-\overset{OH}{\underset{C\equiv C-CH_2CH_3}{C}}-Ph$

(697) $Ph-C\equiv C^-$　　$C_2H_5-\overset{OH}{\underset{C\equiv C-Ph}{C}}-C_2H_5$

125 アルデヒドとシアン化水素の反応

解法：シアン化物イオンがアルデヒドのカルボニル基を攻撃し，シアノヒドリンが生成する．このシアノ基は接触還元したり加水分解することが可能である．

(698) $H_3C-\overset{OH}{\underset{CN}{C}}-H$　　$H_3C-\overset{OH}{\underset{COOH}{C}}-H$

(699) $H_3C-\overset{OH}{\underset{CN}{C}}-H$　　$H_3C-\overset{OH}{\underset{CH_2NH_2}{C}}-H$

(700) $Ph-\overset{OH}{\underset{CN}{C}}-H$　　$Ph-\overset{OH}{\underset{COOH}{C}}-H$

(701) $Ph-\overset{OH}{\underset{CN}{C}}-H$　　$Ph-\overset{OH}{\underset{CH_2NH_2}{C}}-H$

(702) $CH_3CH_2CH_2-\overset{OH}{\underset{CN}{C}}-H$　　$CH_3CH_2CH_2-\overset{OH}{\underset{COOH}{C}}-H$

(703) $CH_3CH_2CH_2-\overset{OH}{\underset{CN}{C}}-H$　　$CH_3CH_2CH_2-\overset{OH}{\underset{CH_2NH_2}{C}}-H$

(704) $C_2H_5-\overset{OH}{\underset{CN}{C}}-H$　　$C_2H_5-\overset{OH}{\underset{COOH}{C}}-H$

(705) $C_2H_5-\overset{OH}{\underset{CN}{C}}-H$　　$C_2H_5-\overset{OH}{\underset{CH_2NH_2}{C}}-H$

126 ケトンとシアン化水素の反応

解法：シアン化物イオンがケトンのカルボニル基を攻撃し，シアノヒドリンが生成する．このシアノ基は接触還元したり加水分解することが可能である．

(706) $H_3C-C(OH)(CN)-CH_3$　　$H_3C-C(OH)(COOH)-CH_3$

(707) $H_3C-C(OH)(CN)-H$　　$H_3C-C(OH)(CH_2NH_2)-H$

(708) $Ph-C(OH)(CN)-CH_3$　　$Ph-C(OH)(COOH)-CH_3$

(709) $Ph-C(OH)(CN)-CH_3$　　$Ph-C(OH)(CH_2NH_2)-CH_3$

(710) $Ph-C(OH)(CN)-Ph$　　$Ph-C(OH)(COOH)-Ph$

(711) $Ph-C(OH)(CN)-Ph$　　$Ph-C(OH)(CH_2NH_2)-Ph$

(712) $C_2H_5-C(OH)(CN)-C_2H_5$　　$C_2H_5-C(OH)(COOH)-C_2H_5$

(713) $C_2H_5-C(OH)(CN)-C_2H_5$　　$C_2H_5-C(OH)(CH_2NH_2)-C_2H_5$

127 アルデヒドと第一級アミンの反応

解法：第一級アミンがアルデヒドのカルボニル基を求核攻撃する．さらに脱水が起き，最終的に炭素-窒素二重結合をもつイミンが生成する．

(714) $H_3C-CH=NH$

(715) $H_3C-CH=NCH_3$

(716) $Ph-CH=NH$

(717) $Ph-CH=NCH_3$

(718) $CH_3CH_2CH_2-CH=NH$

(719) $CH_3CH_2CH_2-CH=NCH_3$

(720) $C_2H_5-CH=NH$

(721) $C_2H_5-CH=NCH_3$

128 ケトンと第一級アミンの反応

解法：第一級アミンがケトンのカルボニル基を求核攻撃する．さらに脱水が起き，最終的に炭素-窒素二重結合をもつイミンが生成する．

(722) $(H_3C)(CH_3)C=NH$

(723) $(H_3C)(CH_3)C=NCH_3$

(724) $(Ph)(CH_3)C=NH$

(725) $(Ph)(CH_3)C=NCH_3$

(726) $(Ph)(Ph)C=NH$

(727) $(Ph)(Ph)C=NCH_3$

(728) $(C_2H_5)(C_2H_5)C=NH$

(729) $(C_2H_5)(C_2H_5)C=NCH_3$

129 ケトンと第二級アミンの反応

解法：第二級アミンがケトンのカルボニル基を求核攻撃する．さらに脱水が起き，最終的に炭素-炭素二重結合をもつエナミンが生成する．イミン生成とは二重結合ができる位置が異なることに注意しよう．

(730) $N(CH_3)_2$ / H_3C / CH_2

(731) $N(C_2H_5)_2$ / H_3C / CH_2

(732) $N(CH_3)_2$ / Ph / CH_2

(733) $N(C_2H_5)_2$ / Ph / CH_2

(734) $N(CH_3)_2$

(735) $N(C_2H_5)_2$

(736) $N(CH_3)_2$

(737) $N(C_2H_5)_2$

130 Wittig 反応

解法：ハロゲンアルキルがホスホニウム塩，さらに強塩基との反応でリンイリドに変換される．このリンイリドがカルボニル炭素を求核攻撃し，最終的にアルケンが生成する．

(738)

$H_3C-\overset{+}{P}Ph_3$ $H_2\overset{-}{C}-\overset{+}{P}Ph_3$ CH_2 / C / H_3C CH_3

(739)

$H_3C-\overset{+}{P}Ph_3$ $H_2\overset{-}{C}-\overset{+}{P}Ph_3$ $=CH_2$

(740)

$CH_3CH_2-\overset{+}{P}Ph_3$ $CH_3\overset{-}{C}H-\overset{+}{P}Ph_3$ $CHCH_3$ / C / H_3C CH_3

(741)

$CH_3CH_2-\overset{+}{P}Ph_3$ $CH_3\overset{-}{C}H-\overset{+}{P}Ph_3$ $=CHCH_3$

(742)

$PhCH_2-\overset{+}{P}Ph_3$ $Ph\overset{-}{C}H-\overset{+}{P}Ph_3$ CHPh / C / H_3C CH_3

(743)

$PhCH_2-\overset{+}{P}Ph_3$ $Ph\overset{-}{C}H-\overset{+}{P}Ph_3$ =CHPh

131 アルデヒドからアセタール生成

解法：アルデヒド1分子にアルコール2分子が付加してアセタールになる．アセタールのどの部分がアルコール由来かを考えよう．

(744) H_3CO OCH_3 / H_3C H

(745) C_2H_5O OC_2H_5 / H_3C H

(746) H_3CO OCH_3 / Ph H

(747) C_2H_5O OC_2H_5 / Ph H

(748) H_3CO OCH_3 / $CH_3CH_2CH_2$ H

(749) C_2H_5O OC_2H_5 / $CH_3CH_2CH_2$ H

(750) H_3CO OCH_3 / C_2H_5 H

(751) C_2H_5O OC_2H_5 / C_2H_5 H

132 アルデヒドから環状アセタール生成

解法：アルデヒド1分子にジオール1分子が付加して環状アセタールになる．環状アセタールのどの部分がジオール由来かを考えよう．

(752) O O / H_3C H

(753) O O / H_3C H

(754) O O / Ph H

(755) 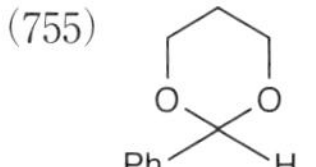

(756) 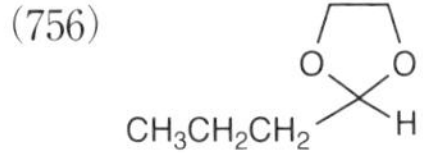

(757)

(758)

(759)

133 ケトンからアセタール生成

解法：ケトン1分子にアルコール2分子が付加してアセタールになる．アセタールのどの部分がアルコール由来かを考えよう．

(760)

(761)

(762)

(763)

(764)

(765)

(766)

(767)

134 ケトンから環状アセタール生成

解法：ケトン1分子にジオール1分子が付加して環状アセタールになる．環状アセタールのどの部分がジオール由来かを考えよう．

(768)

(769)

(770)

(771)

(772)

(773)

(774)

(775)

135 アルデヒドから各種シッフ塩基生成

解法：求核体の窒素原子がアルデヒドのカルボニル基を求核攻撃する．さらに脱水が起き，最終的にシッフ塩基が生成する．求核体に複数の窒素原子がある場合は，どの窒素原子の求核性が最も大きいかを考えよう．

(776)

(777)

(778)

(779)

(780) $PhCH{=}N{-}NH{-}C({=}O){-}NH_2$

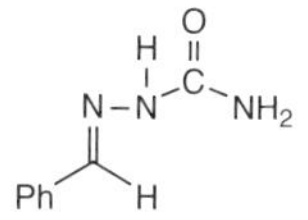

(781) $PhCH{=}N{-}NH{-}C_6H_5$

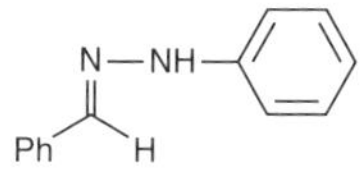

136 ケトンから各種シッフ塩基生成

解法：求核体の窒素原子がケトンのカルボニル基を求核攻撃する．さらに脱水が起き，最終的にシッフ塩基が生成する．求核体に複数の窒素原子がある場合は，どの窒素原子の求核性が最も大きいかを考えよう．

(782) $Ph_2C{=}NOH$

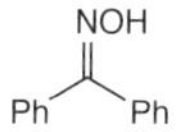

(783) $Ph_2C{=}N{-}NH{-}C({=}O){-}NH_2$

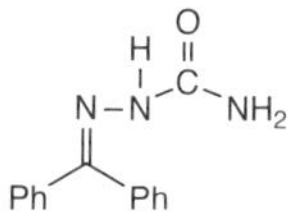

(784) $Ph_2C{=}N{-}NH{-}C_6H_5$

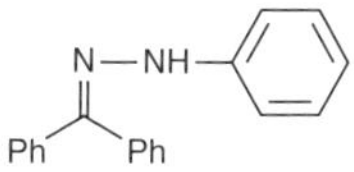

(785) シクロペンタノン $={}$NOH

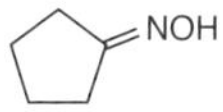

(786) シクロペンタノン $={}N{-}NH{-}C({=}O){-}NH_2$

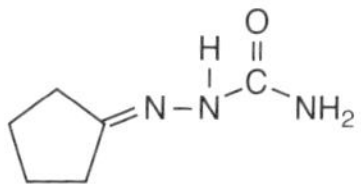

(787) シクロペンタノン $={}N{-}NH{-}C_6H_5$

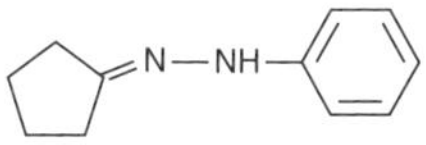

137 アルデヒドから環状チオアセタール生成

解法：アルデヒド1分子にジチオール1分子が付加して環状チオアセタールになる．環状チオアセタールのどの部分がジチオール由来かを考えよう．

(788) 1,3-ジチオラン，H_3C，H

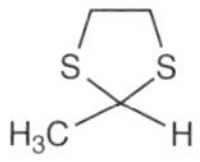

(789) 1,3-ジチアン，H_3C，H

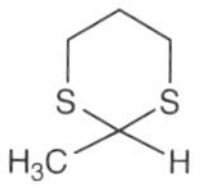

(790) 1,3-ジチオラン，Ph，H

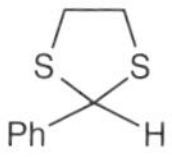

(791) 1,3-ジチアン，Ph，H

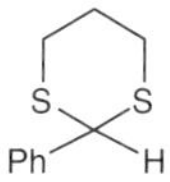

(792) 1,3-ジチオラン，$CH_3CH_2CH_2$，H

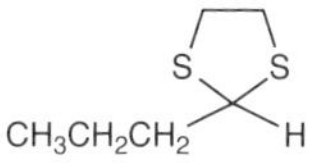

(793) 1,3-ジチアン，$CH_3CH_2CH_2$，H

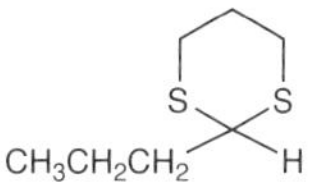

(794) 1,3-ジチオラン，C_2H_5，H

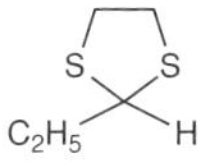

(795) 1,3-ジチアン，C_2H_5，H

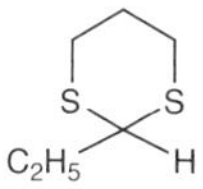

138 ケトンから環状チオアセタール生成

解法：ケトン1分子にジチオール1分子が付加して環状チオアセタールになる．環状チオアセタールのどの部分がジチオール由来かを考えよう．

(796) 1,3-ジチオラン，H_3C，CH_3

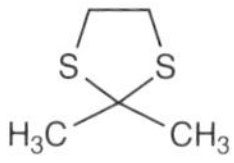

(797) 1,3-ジチアン，H_3C，CH_3

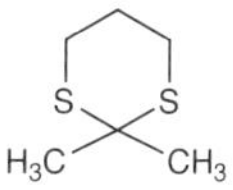

(798) 1,3-ジチオラン，Ph，CH_3

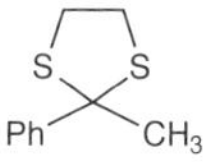

(799) 1,3-ジチアン，Ph，CH_3

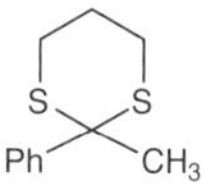

(800) 1,3-ジチオラン，Ph，Ph

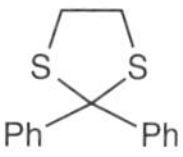

(801) 1,3-ジチアン，Ph，Ph

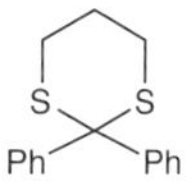

(802) 1,3-ジチオラン，C_2H_5，C_2H_5

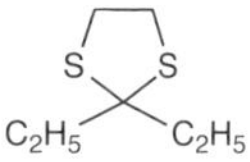

(803) 1,3-ジチアン，C_2H_5，C_2H_5

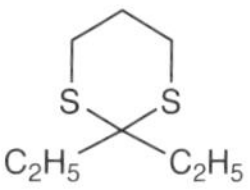

139 アルデヒドと一級アミンを反応させ，$NaBH_3CN$ 還元

解法：アルデヒドと第一級アミンから生成したイミンを，ヒドリド還元剤と反応させるとアミンができる．どの位置でアルデヒドとアミンが結合しているかを確認しよう．

(804) NCH_2Ph / H_3C H　　$NHCH_2Ph$ / H_3C H

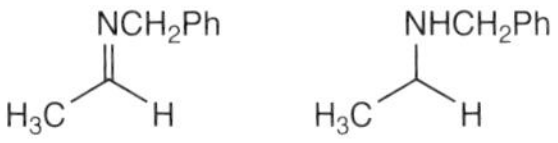

(805) NCH_3 / H_3C H　　$NHCH_3$ / H_3C H

(806) NCH_2Ph / Ph H　　$NHCH_2Ph$ / Ph H

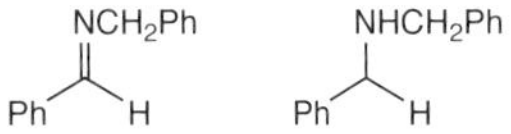

(807) NCH_3 / Ph H　　$NHCH_3$ / Ph H

(808) NCH_2Ph / $CH_3CH_2CH_2$ H　　$NHCH_2Ph$ / $CH_3CH_2CH_2$ H

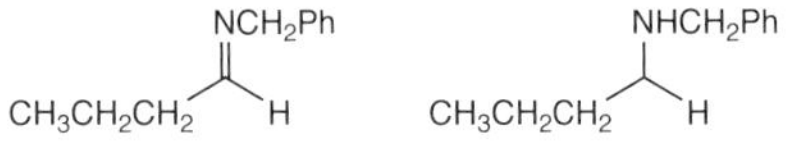

(809) NCH_3 / $CH_3CH_2CH_2$ H　　$NHCH_3$ / $CH_3CH_2CH_2$ H

(810) NCH_2Ph / C_2H_5 H　　$NHCH_2Ph$ / C_2H_5 H

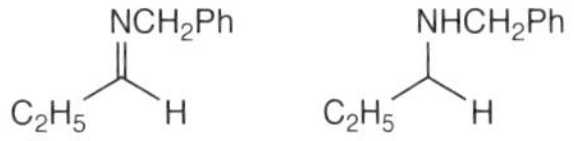

(811) NCH_3 / C_2H_5 H　　$NHCH_3$ / C_2H_5 H

140 ケトンと第一級アミンを反応させ，$NaBH_3CN$ 還元

解法：ケトンと第一級アミンから生成したイミンをヒドリド還元剤と反応させるとアミンができる．どの位置でケトンとアミンが結合しているかを確認しよう．

(812) NCH_2Ph / H_3C CH_3　　$NHCH_2Ph$ / H_3C CH_3

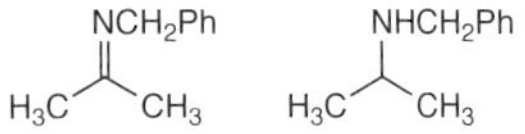

(813) NCH_3 / H_3C CH_3　　$NHCH_3$ / H_3C CH_3

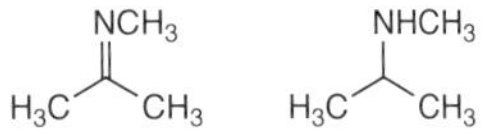

(814) NCH_2Ph / Ph CH_3　　$NHCH_2Ph$ / Ph CH_3

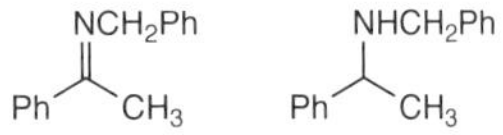

(815) NCH_3 / Ph CH_3　　$NHCH_3$ / Ph CH_3

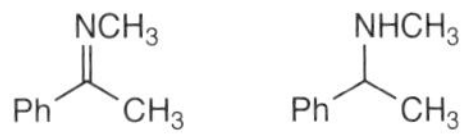

(816) NCH_2Ph / Ph Ph　　$NHCH_2Ph$ / Ph Ph

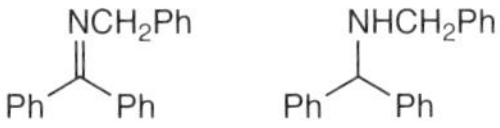

(817) NCH_3 / Ph Ph　　$NHCH_3$ / Ph Ph

(818) NCH_2Ph / C_2H_5 C_2H_5　　$NHCH_2Ph$ / C_2H_5 C_2H_5

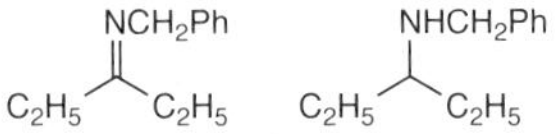

(819) NCH_3 / C_2H_5 C_2H_5　　$NHCH_3$ / C_2H_5 C_2H_5

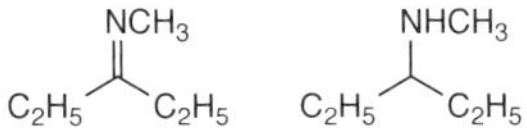

141 ケトンと第二級アミンを反応させ，$NaBH_3CN$ 還元

解法：ケトンと第二級アミンから生成したエナミンをヒドリド還元剤と反応させるとアミンができる．どの位置でケトンとアミンが結合しているかを確認しよう．

(820) $N(CH_3)_2$ / H_3C CH_2　　$N(CH_3)_2$ / H_3C CH_3

(821) $N(C_2H_5)_2$ / H_3C CH_2　　$N(C_2H_5)_2$ / H_3C CH_3

(822) $N(CH_3)_2$ / Ph CH_2　　$N(CH_3)_2$ / Ph CH_3

(823) $N(C_2H_5)_2$ / Ph CH_2　　$N(C_2H_5)_2$ / Ph CH_3

(824) $-N(CH_3)_2$　　$-N(CH_3)_2$

(825) $-N(C_2H_5)_2$　　$-N(C_2H_5)_2$

(826) $-N(CH_3)_2$　　$-N(CH_3)_2$

(827) $-N(C_2H_5)_2$　　$-N(C_2H_5)_2$

142 α,β-不飽和ケトンに共役付加（1）

解法：求核剤はカルボニル基ではなくβ位の炭素原子を攻撃する．求核剤由来の置換基がどこに付加したかをしっかり確認しよう．

(828) O / $NC-CH_2-\underset{H_2}{C}-C-CH_3$

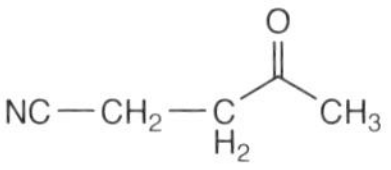

(829)

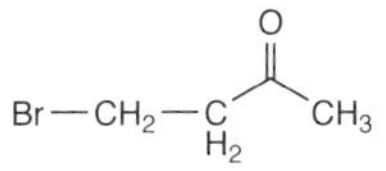

(830)

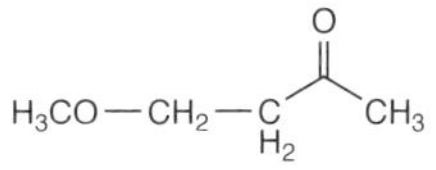

(831)

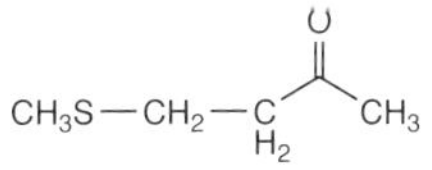

(832)

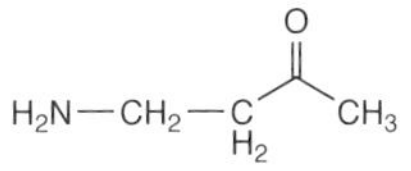

143 α, β-不飽和ケトンに共役付加（2）

解法：求核剤はカルボニル基ではなくβ位の炭素原子を攻撃する．求核剤由来の置換基がどこに付加したかをしっかり確認しよう．

(833)

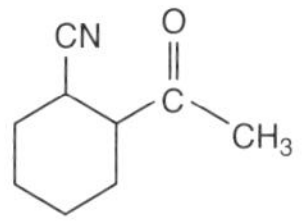

(834)

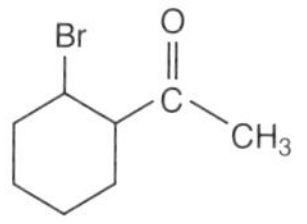

(835)

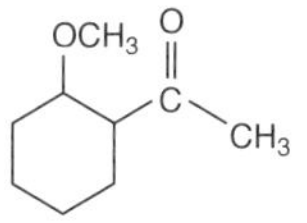

(836)

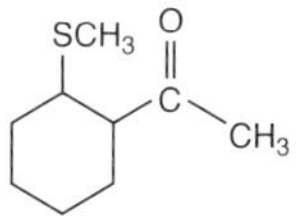

(837)

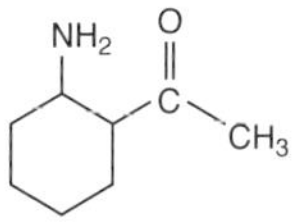

144 α, β-不飽和ケトンに共役付加（3）

解法：求核剤はカルボニル基ではなくβ位の炭素原子を攻撃する．求核剤由来の置換基がどこに付加したかをしっかり確認しよう．

(838)

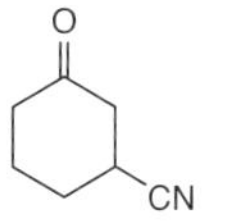

(839)

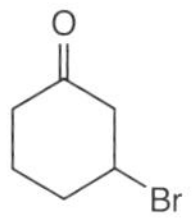

(840)

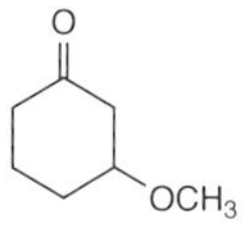

(841)

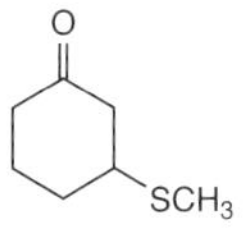

(842)

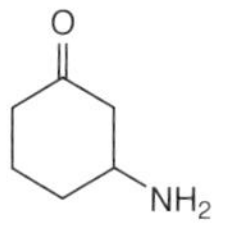

8章　カルボニル基のα位での反応

145 酸性条件でのケトンへの塩素置換

解法：酸性条件ではカルボニル基のα位水素が一つだけ塩素原子に置き換わる．この条件では塩素原子は一つしか導入されない．

(843)

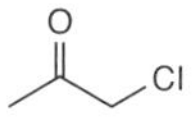

(844)

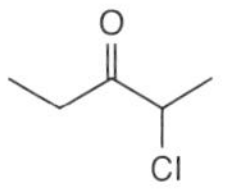

(845)

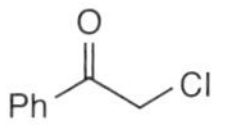

(846)

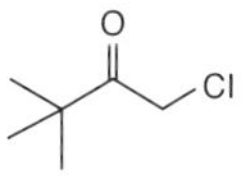

(847)

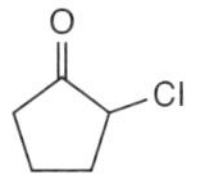

(848)

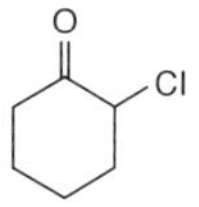

146 酸性条件でのケトンへの臭素置換

解法：酸性条件ではカルボニル基の α 位水素が一つだけ臭素原子に置き換わる．この条件では臭素原子は一つしか導入されない．

(849) O, Br

(850) O, Br

(851) O, Ph, Br

(852) O, Br

(853) O, Br

(854) O, Br

147 塩基性条件でのケトンへの塩素置換

解法：塩基性条件ではカルボニル基の α 位水素がすべて塩素原子に置き換わる．酸性条件との違いをしっかり理解しよう．

(855) O, Cl_3C, CCl_3

(856) O, Cl, Cl, Cl, Cl

(857) O, Ph, CCl_3

(858) O, CCl_3

(859) O, Cl, Cl, Cl, Cl

(860) O, Cl, Cl, Cl, Cl

148 塩基性条件でのケトンへの臭素置換

解法：塩基性条件ではカルボニル基の α 位水素がすべて臭素原子に置き換わる．酸性条件との違いをしっかり理解しよう．

(861) O, Br_3C, CBr_3

(862) O, Br, Br, Br, Br

(863) O, Ph, CBr_3

(864) O, CBr_3

(865) O, Br, Br, Br, Br

(866) O, Br, Br, Br, Br

149 酸性条件でのケトンへの塩素置換そして求核置換

解法：カルボニル基の α 位水素が一つだけ塩素原子に置き換わる．続いて求核体と塩素原子が置き換わる．出発物質のどの位置に求核体が導入されるかを考えよう．

(867) O, Cl　　O, CN

(868) O, Cl　　O, CN

(869) O, Ph, Cl　　O, Ph, CN

(870) O, Cl　　O, $OCOCH_3$

(871) O, Cl　　O, $OCOCH_3$

(872) O, Cl　　O, $OCOCH_3$

150 酸性条件でのケトンへの臭素置換そして求核置換

解法：カルボニル基の α 位水素が一つだけ臭素原子に置き換わる．続いて求核体と臭素原子が置き換わる．出発物質のどの位置に求核体が導入されるかを考えよう．

(873)

(874)

(875)

(876)

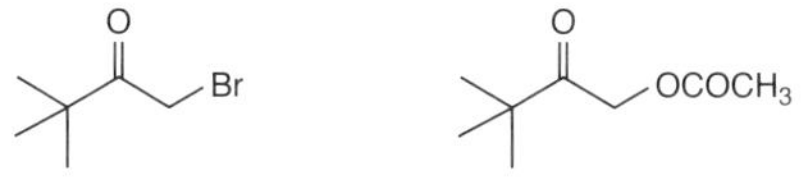

(877)

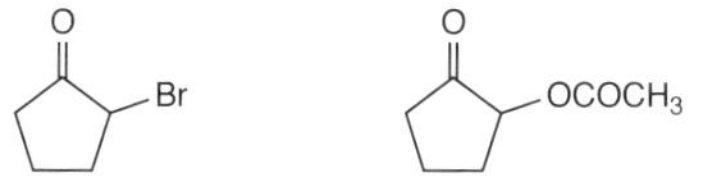

(878)

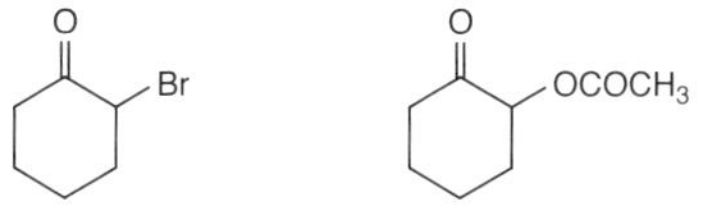

151 ケトンの α 位の D 化

解法：カルボニル基の α 位水素が強塩基の LDA で引き抜かれる．続いて酸塩基反応により重水素が導入される．

(879)

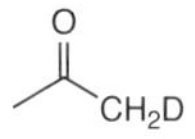

(880)

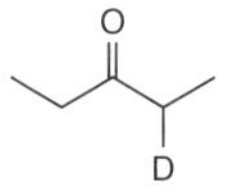

(881)

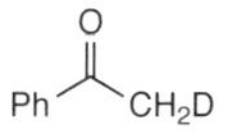

(882)

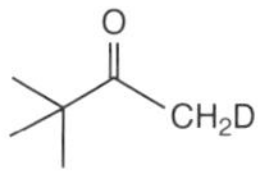

(883)

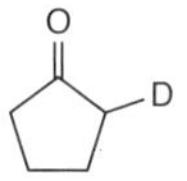

(884)

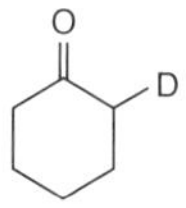

152 ケトンの α 位のアルキル化

解法：カルボニル基の α 位水素が強塩基の LDA で引き抜かれる．求核置換反応によりアルキル基が導入される．

(885)

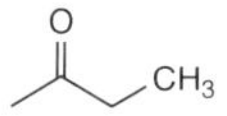

(886)

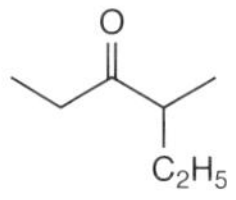

(887)

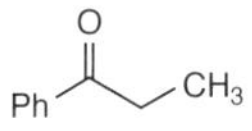

(888)

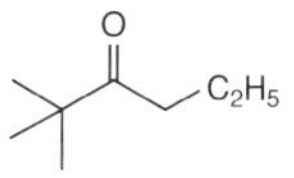

(889)

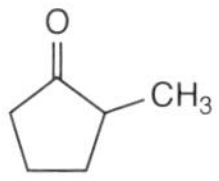

(890)

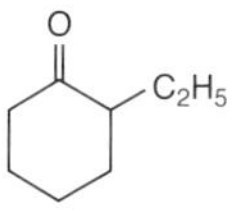

153 aldol 付加

解法：カルボニル基の α 位水素が塩基によって引き抜かれ，生成したカルボアニオンが求核体となり，もう一つのアルデヒドに求核攻撃する．生成物のどの位置で二つのアルデヒドが結合しているかを確かめよう．

(891)

(892)

(893)

(894)

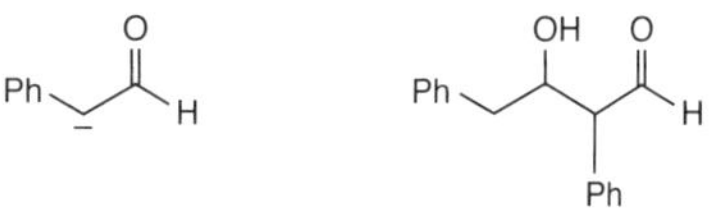

154 aldol 縮合

解法：カルボニル基のα位水素が塩基によって引き抜かれ，生成したカルボアニオンが求核体となり，もう一つのアルデヒドに求核攻撃する．さらに脱水が起こり，α,β-不飽和アルデヒドができる．脱水によって二重結合ができる位置をよく考えよう．

(895)

(896)

(897)

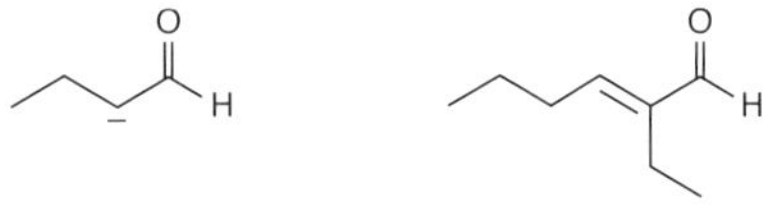

(898)

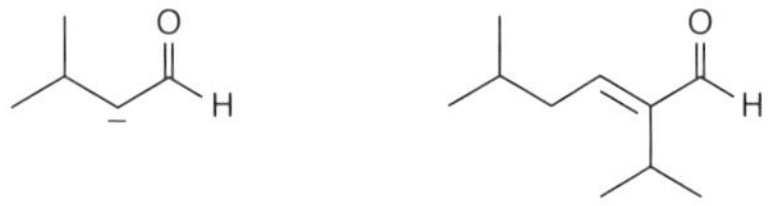

(899)

155 Claisen 縮合（1）

解法：カルボニル基のα位水素が塩基によって引き抜かれ，生成したカルボアニオンが求核体となり，もう一つのエステルに求核攻撃する．生成物のどの位置で二つのエステルが結合しているか，どの置換基が脱離したか，さらに二つのカルボニル基はどちらのエステル由来なのかを確かめよう．

(900)

(901)

(902)

(903)

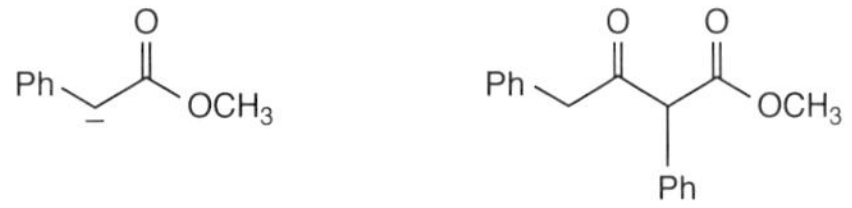

156 Claisen 縮合（2）

解法：カルボニル基のα位水素が塩基によって引き抜かれ，生成したカルボアニオンが求核体となり，もう一つのエステルに求核攻撃する．生成物のどの位置で二つのエステルが結合しているか，どの置換基が脱離したか，さらに二つのカルボニル基はどちらのエステル由来なのかを確かめよう．

(904)

(905)

(906)

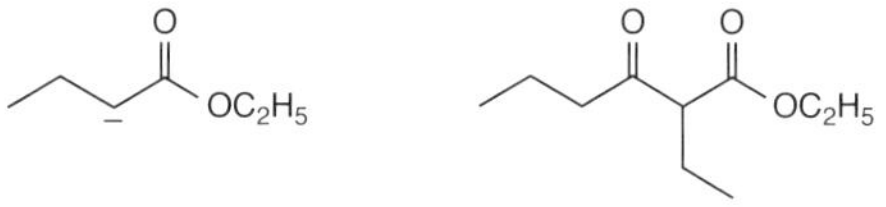

(907)

(908)

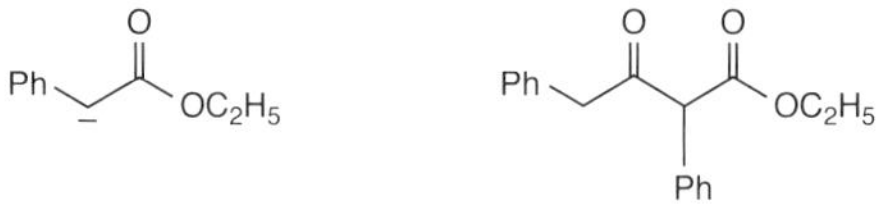

157 Dieckmann 縮合

解法：片方のカルボニル基のα位水素が塩基によって引き抜かれ，生成したカルボアニオンが求核体となり，分子内のもう一つのカルボニル基に求核攻撃する．どの位置で環が閉じられたか，どの置換基が脱離したか，さらに何員環が生成するかを考えよう．

(909)

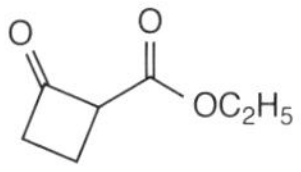

(910)

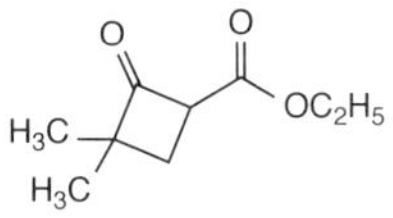

(911)

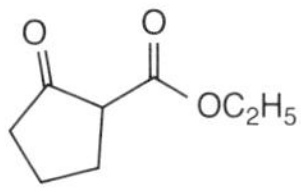

(912)

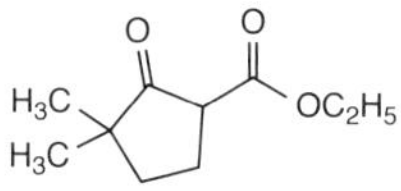

(913)

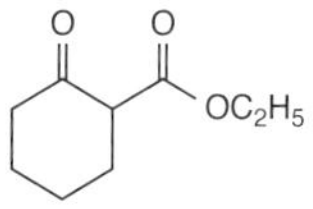

(914)

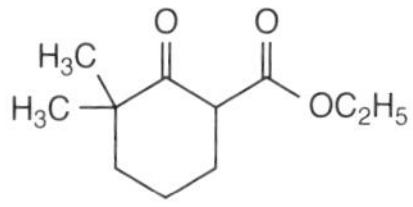

158 交差 aldol 付加（1）

解法：カルボニル基の α 位水素が塩基によって引き抜かれ，生成したカルボアニオンが求核体となり，もう一つのアルデヒドに求核攻撃する．これらの反応では，どちらのアルデヒドも α 位水素をもつので，「どちらのアルデヒドのカルボアニオンが」「どちらのアルデヒドに求核攻撃するか」を考えると，４種類の化合物が生成することがわかる．

(915)

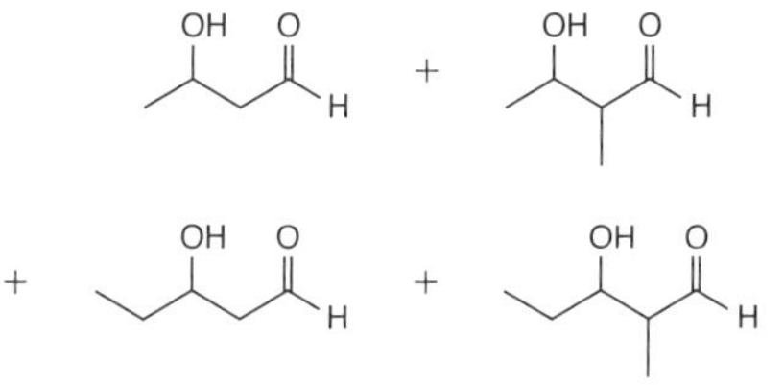

(916)

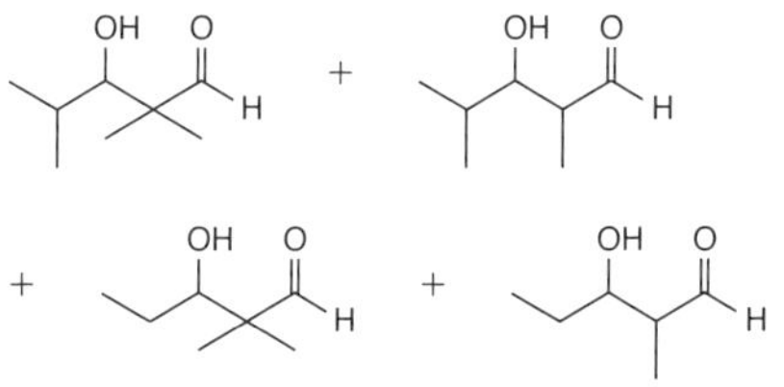

(917)

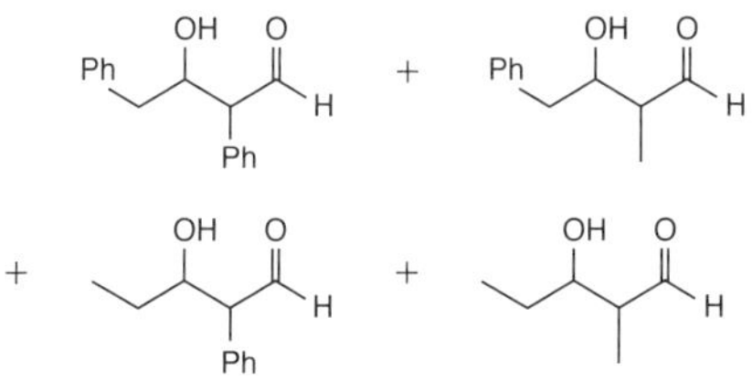

159 交差 aldol 付加（2）

解法：カルボニル基の α 位水素が塩基によって引き抜かれ，生成したカルボアニオンが求核体となり，もう一つのアルデヒドに求核攻撃する．これらの反応では，片方のアルデヒドのみ α 位水素をもつので，「どのアルデヒドのカルボアニオンが」「どのアルデヒドに求核攻撃するか」を考えると，２種類の化合物が生成することがわかる．

(918)

(919)

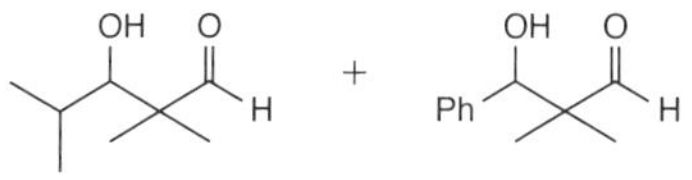

(920)

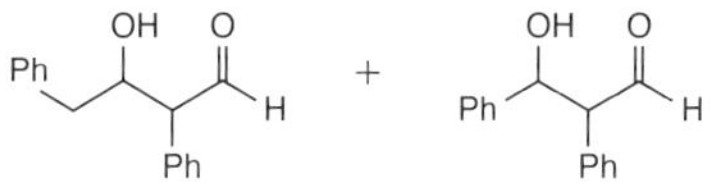

160 交差 aldol 付加（3）

解法：カルボニル基の α 位水素が塩基によって引き抜かれ，生成したカルボアニオンが求核体となり，もう一つのアルデヒドに求核攻撃する．これらの反応では，片方のアルデヒドのみ α 位水素をもつので，「どのアルデヒドのカルボアニオンが」「どのアルデヒドに求核攻撃するか」を考えると，２種類の化合物が生成することがわかる．

(921)

(922)

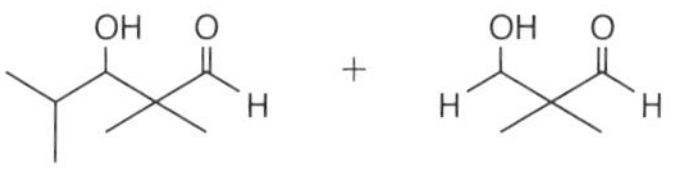

(923)

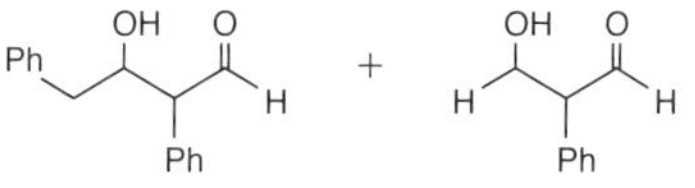

161 交差 Claisen 縮合（1）

解法：カルボニル基の α 位水素が塩基によって引き抜かれ，生成したカルボアニオンが求核体となり，もう一つのエステルに求核攻撃する．これらの反応では，どちらのエステルも α 位水素をもつので，「どちらのエステルのカルボアニオンが」「どちらのエステルに求核攻撃するか」を考えると，４種類の化合物が生成することがわかる．

(924)

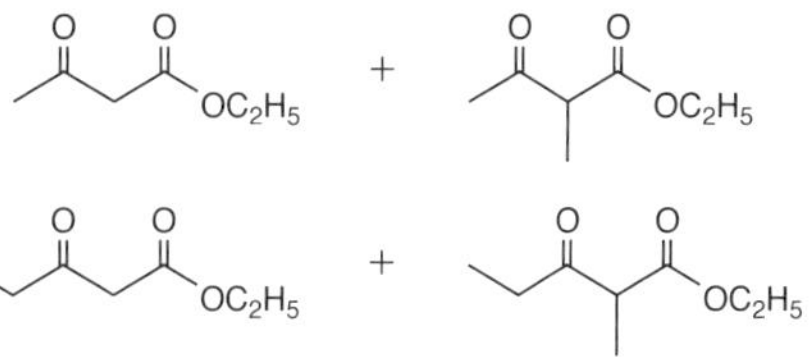

(925)

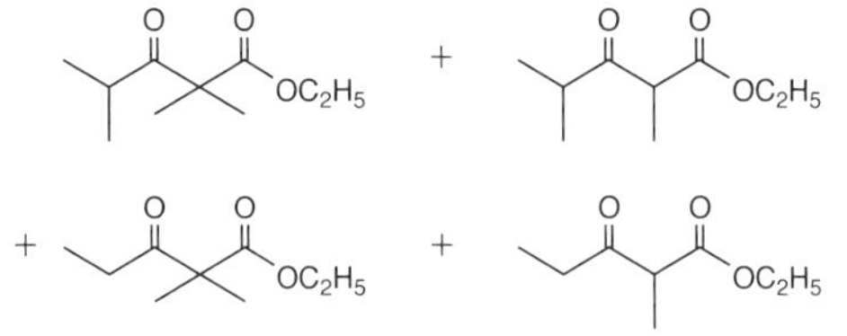

(926)

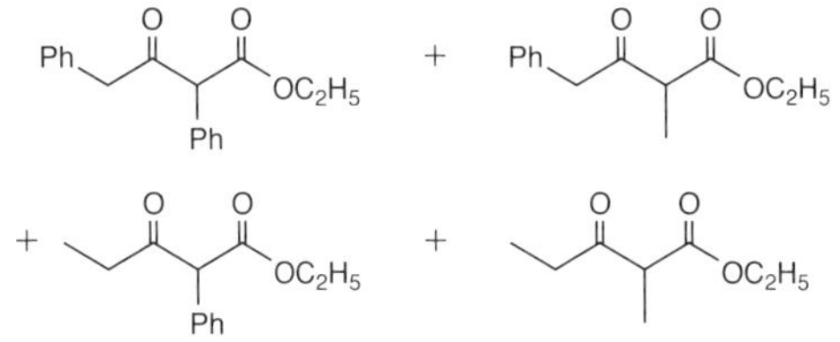

162 交差 Claisen 縮合（2）

解法：カルボニル基の α 位水素が塩基によって引き抜かれ，生成したカルボアニオンが求核体となり，もう一つのエステルに求核攻撃する．これらの反応では，片方のエステルのみ α 位水素をもつので，「どのエステルのカルボアニオンが」「どのエステルに求核攻撃するか」を考えると，2種類の化合物が生成することがわかる．

(927)

(928)

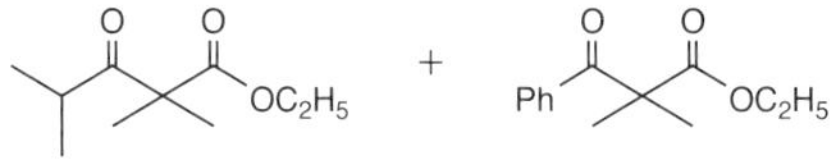

(929)

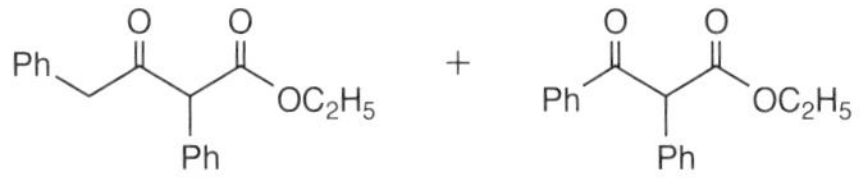

163 交差 Claisen 縮合（3）

解法：カルボニル基の α 位水素が塩基によって引き抜かれ，生成したカルボアニオンが求核体となり，もう一つのエステルに求核攻撃する．これらの反応では，片方のエステルのみ α 位水素をもつので，「どのエステルのカルボアニオンが」「どのエステルに求核攻撃するか」を考えると，2種類の化合物が生成することがわかる．

(930)

(931)

(932)

164 分子内 aldol 付加

解法：片方のカルボニル基の α 位水素が塩基によって引き抜かれ，生成したカルボアニオンが求核体となり，分子内のもう一つのカルボニル基に求核攻撃する．どの位置で環が閉じられたか，さらに何員環が生成するかを考えよう．

(933)

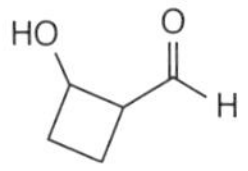

(934)

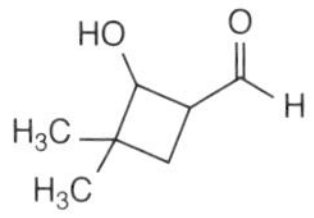

(935)

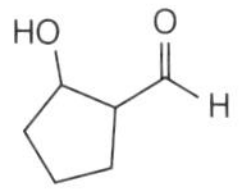

(936)

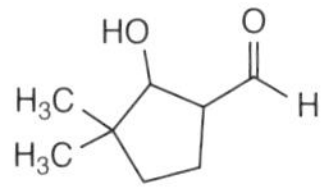

(937)

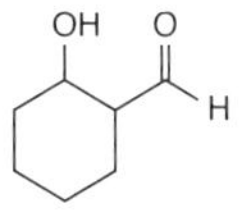

(938)

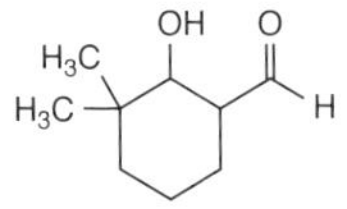

165 3-オキソカルボン酸脱炭酸（1）

解法：3-オキソカルボン酸は酸性条件で加熱すると二酸化炭素を放出する．生成物の炭素数を間違いやすいので注意．

(939) 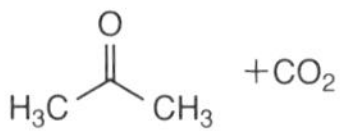 H_3C–CO–CH_3 $+CO_2$

(940) 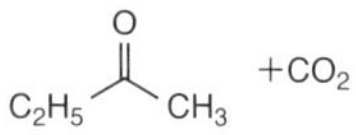 C_2H_5–CO–CH_3 $+CO_2$

(941) 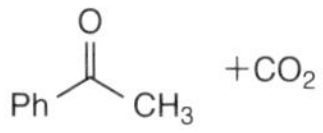 Ph–CO–CH_3 $+CO_2$

(942) $PhCH_2C(=O)CH_3$ $+CO_2$

(943) シクロヘキサノン $+CO_2$

166 3-オキソカルボン酸脱炭酸（2）

解法：3-オキソカルボン酸は酸性条件で加熱すると二酸化炭素を放出する．側鎖がついていても考え方は同じ．生成物の炭素数を間違いやすいので注意．

(944) $H_3C-C(=O)-CH_2CH_3$ $+CO_2$

(945) $C_2H_5-C(=O)-CH_2C_2H_5$ $+CO_2$

(946) $Ph-C(=O)-CH_2CH_3$ $+CO_2$

(947) $PhCH_2-C(=O)-CH_2C_2H_5$ $+CO_2$

(948) 2-メチルシクロヘキサノン（CH_3） $+CO_2$

167 マロン酸脱炭酸

解法：マロン酸は酸性条件で加熱すると二酸化炭素を放出する．側鎖がついていても考え方は同じ．生成物の炭素数を間違いやすいので注意．

(949) $HO-C(=O)-CH_3$ $+CO_2$

(950) $HO-C(=O)-CH_2CH_3$ $+CO_2$

(951) $HO-C(=O)-CH(CH_3)-CH_3$ $+CO_2$

(952) $HO-C(=O)-CH(CH_3)-CH_2C_6H_5$ $+CO_2$

168 3-オキソカルボン酸エステルのアルキル化（1）

解法：カルボニル基に挟まれたメチレン水素が強塩基で引き抜かれる．求核置換反応によりアルキル基が導入される．

(953) $H_3C-C(=O)-CH(CH_3)-C(=O)-OC_2H_5$

(954) $C_2H_5-C(=O)-CH(C_2H_5)-C(=O)-OC_2H_5$

(955) $Ph-C(=O)-CH(CH_3)-C(=O)-OC_2H_5$

(956) $PhCH_2-C(=O)-CH(CH_2Ph)-C(=O)-OC_2H_5$

(957) 2-オキソシクロヘキサン-1-カルボン酸エチル（1位に CH_3, $C(=O)OC_2H_5$）

169 3-オキソカルボン酸エステルのアルキル化（2）

解法：カルボニル基に挟まれたメチレン水素が強塩基で引き抜かれる．求核置換反応によりアルキル基が導入される．メチレン水素は二つあるので同様の反応をもう一度行うことができる．

(958) $H_3C-C(=O)-CH(CH_3)-C(=O)-OC_2H_5$　　$H_3C-C(=O)-C(CH_3)(CH_3)-C(=O)-OC_2H_5$

(959) $C_2H_5-C(=O)-CH(C_2H_5)-C(=O)-OC_2H_5$　　$C_2H_5-C(=O)-C(CH_3)(C_2H_5)-C(=O)-OC_2H_5$

(960) $Ph-C(=O)-CH(CH_3)-C(=O)-OC_2H_5$　　$Ph-C(=O)-C(CH_3)(CH_3)-C(=O)-OC_2H_5$

(961) $PhCH_2-C(=O)-CH(CH_2Ph)-C(=O)-OC_2H_5$　　$PhCH_2-C(=O)-C(CH_2Ph)(CH_2Ph)-C(=O)-OC_2H_5$

(962) $PhCH_2-C(=O)-CH(CH_2Ph)-C(=O)-OC_2H_5$　　$PhCH_2-C(=O)-C(CH_2Ph)(C_2H_5)-C(=O)-OC_2H_5$

170 3-オキソカルボン酸エステル加水分解（1）

解法：カルボン酸エステルが加水分解されてカルボン酸が生成する．

(963) CH_3COCH_2COOH

(964) $C_2H_5COCH_2COOH$

(965) $PhCOCH_2COOH$

(966) $PhCH_2COCH_2COOH$

(967) 2-オキソシクロヘキサンカルボン酸

171 3-オキソカルボン酸エステル加水分解（2）

解法：カルボン酸エステルが加水分解されてカルボン酸が生成する．

(968) $CH_3COCH(CH_3)COOH$

(969) $C_2H_5COCH(C_2H_5)COOH$

(970) $PhCOCH(CH_3)COOH$

(971) $PhCH_2COCH(C_2H_5)COOH$

(972) 1-メチル-2-オキソシクロヘキサンカルボン酸 (CH_3, COOH)

172 マロン酸ジエステル加水分解

解法：二箇所のカルボン酸エステル結合が加水分解されてジカルボン酸が生成する．

(973) $HOOCCH_2COOH$

(974) $HOOCCH(CH_3)COOH$

(975) $HOOCC(CH_3)_2COOH$

(976) $HOOCC(CH_3)(CH_2C_6H_5)COOH$

173 3-オキソカルボン酸エステルのアルキル化，加水分解，脱炭酸（1）

解法：アルキル化を2回して，加水分解，さらに脱炭酸が起こる．次々と反応試薬が出てくるが，各ステップで何が起こるかを確実に押さえていこう．

(977) $CH_3COCH(CH_3)CH_3$ $+CO_2$

(978) $C_2H_5COCH(CH_3)CH_3$ $+CO_2$

(979) $CH_3COCH(CH_3)C_2H_5$ $+CO_2$

(980) $C_2H_5COCH(CH_3)C_2H_5$ $+CO_2$

(981) $PhCOCH(CH_3)CH_3$ $+CO_2$

(982) $PhCOCH(C_2H_5)C_2H_5$ $+CO_2$

174 3-オキソカルボン酸エステルのアルキル化，加水分解，脱炭酸（2）

解法：アルキル化を1回して，加水分解，さらに脱炭酸が起こる．次々と反応試薬が出てくるが，各ステップで何が起こるかを確実に押さえていこう．

(983) 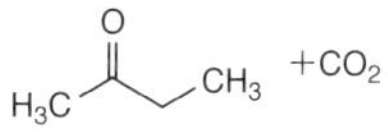 O H_3C CH_3 $+CO_2$

(984) 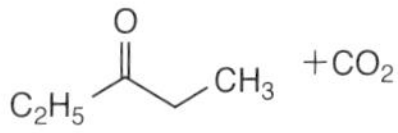 O C_2H_5 CH_3 $+CO_2$

(985) 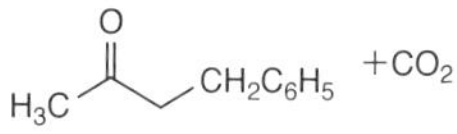 O H_3C $CH_2C_6H_5$ $+CO_2$

(986) 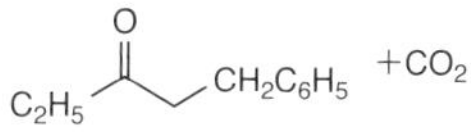 O C_2H_5 $CH_2C_6H_5$ $+CO_2$

(987) 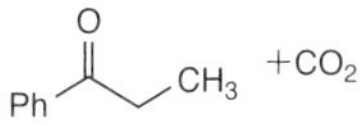 O Ph CH_3 $+CO_2$

(988) 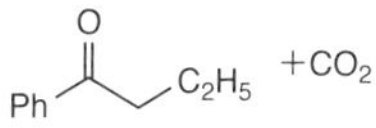 O Ph C_2H_5 $+CO_2$

175 マロン酸ジエステルのアルキル化，加水分解，脱炭酸（1）

解法：アルキル化を2回して，加水分解，さらに脱炭酸が起こる．次々と反応試薬が出てくるが，各ステップで何が起こるかを確実に押さえていこう．脱炭酸が起こるカルボキシ基は一つだけなので注意．

(989) 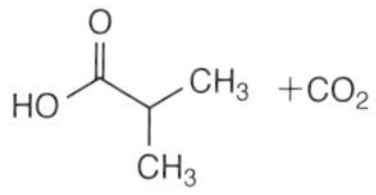 O HO CH_3 CH_3 $+CO_2$

(990) 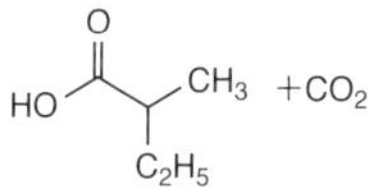 O HO CH_3 C_2H_5 $+CO_2$

(991) 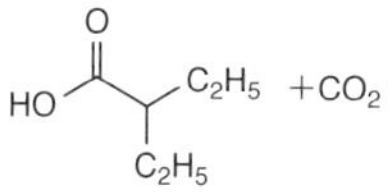 O HO C_2H_5 C_2H_5 $+CO_2$

(992) 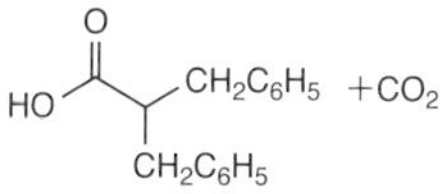 O HO $CH_2C_6H_5$ $CH_2C_6H_5$ $+CO_2$

176 マロン酸ジエステルのアルキル化，加水分解，脱炭酸（2）

解法：アルキル化を1回して，加水分解，さらに脱炭酸が起こる．次々と反応試薬が出てくるが，各ステップで何が起こるかを確実に押さえていこう．脱炭酸が起こるカルボキシ基は一つだけなので注意．

(993) 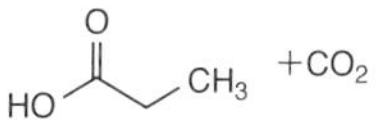 O HO CH_3 $+CO_2$

(994) 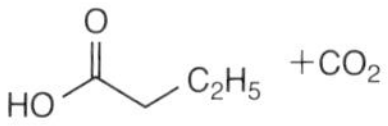 O HO C_2H_5 $+CO_2$

(995) 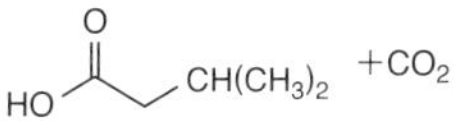 O HO $CH(CH_3)_2$ $+CO_2$

(996) 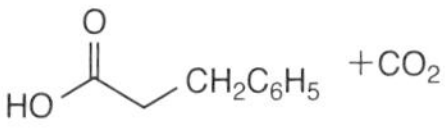 O HO $CH_2C_6H_5$ $+CO_2$

177 Robinson 環化

解法：今まで学んだ反応の集大成．マイケル付加，分子内アルドール付加，さらに脱水を経て，2-シクロヘキセノン骨格ができる．どの位置で環が閉じられたか，どの置換基が脱離したか，さらに何員環が生成するかを考えよう．分子全体の原子数に過不足がないように注意しよう．

(997) 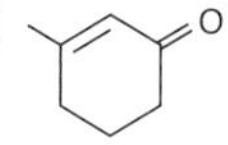 O

(998) 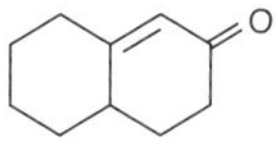 O

(999) 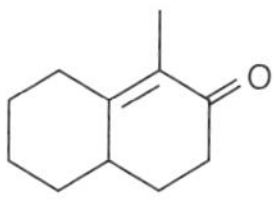 O

(1000) O

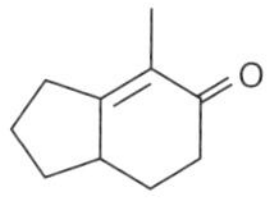

有機化学 1000本ノック

ひたすら解きまくれ!

【命名法編】 B5判・116頁・定価 1760円

【立体化学編】 B5判・140頁・定価 1980円

【反応機構編】 B5判・232頁・定価 3300円

【反応生成物編】 B5判・148頁・定価 2310円

【スペクトル解析編】 B5判・176頁・定価 2750円

大学の有機化学で学生がつまずきやすい基本事項を理解するために有効な方法は，基本的なルールを学び，ひたすら演習問題を解き，「身体に染みつく」まで知識の定着を確認することである．各編とも 1000 問超の問題を掲載．問題は初歩の初歩から始まり徐々に難易度が上がっていく．反射的に答えられるまで解いて解いて解きまくれ！

矢野将文【著】

【命名法編　主要目次】 アルカン・ハロゲン化アルキル／シクロアルカン／アルケン／シクロアルケン／アルキン／ジエン／シクロジエン／ジイン／エンイン／アルコール／エーテル／アミン／アルデヒド／ケトン／カルボン酸／カルボン酸エステル／ニトリル／酸塩化物／芳香族

【立体化学編　主要目次】 *R,S* 表示（1）−（3）／ *E,Z* 命名法（アルケン）／ *E,Z* 命名法（シクロアルケン）／ *E,Z* 命名法（ジエン）／二つの分子の関係（1）−（8）／ Newman 投影図／ Fischer 投影図／アレン軸不斉／ビフェニル軸不斉／シクロファン面不斉／ヘリセン

【反応機構編　主要目次】 酸と塩基／共鳴／結合の生成・切断の基礎／アルケンの反応／アルキンの反応／芳香族の求電子置換反応／ハロゲン化アルキルの脱離反応／アルコールの置換反応／アルコールの脱離反応／エーテル・エポキシドの反応／カルボニル基上での置換反応／他

【反応生成物編　主要目次】 アルケンの反応／アルキンの反応／置換反応／脱離反応／アルコール，エーテルの反応／カルボン酸誘導体の置換反応／カルボン酸誘導体への付加反応／カルボニル基の α 位での反応

【スペクトル解析編　主要目次】 IHD／ IR ／ MS ／ ^{13}C ／ ^{1}H ／総合問題

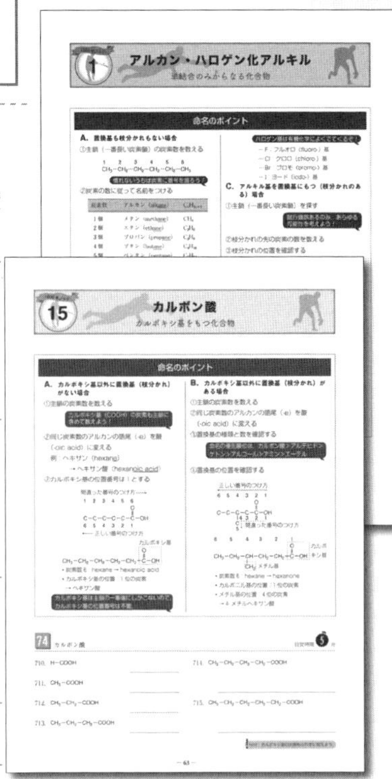